少儿学编程

异步图书
www.epubit.com

U0404075

信息学奥赛CSP-J

初赛通关手册

10年真题+10套模拟精练精讲

左凤鸣 主编

人民邮电出版社
北京

图书在版编目（CIP）数据

信息学奥赛CSP-J初赛通关手册 ： 10年真题+10套模拟精练精讲 / 左凤鸣主编. -- 北京 ： 人民邮电出版社, 2025. --（少儿学编程）. -- ISBN 978-7-115-65467-0

Ⅰ. TP311.1-44

中国国家版本馆CIP数据核字第2024QQ0822号

内 容 提 要

信息学奥赛包括全国青少年信息学奥林匹克竞赛（NOI）、全国青少年信息学奥林匹克联赛（NOIP）、亚洲与太平洋地区信息学奥林匹克（APIO）等，CSP也隶属其中。CSP竞赛是由中国计算机学会组织的计算机软件能力认证。近年来，CSP竞赛的受关注度持续提升，许多高校和企业将其作为选拔优秀学生和人才的依据。

随着CSP竞赛的竞争越来越激烈，初赛的重要性进一步凸显。本书面向参加CSP-J初赛的学生，提供了10套历年真题和10套高质量模拟题，并针对每套试题给出了参考答案和答案解析（电子版）。

本书由教学经验丰富的左凤鸣老师主编，由参赛经验丰富且成绩优异的同学参与编写，并配备了强大的在线资源平台，为广大有备考需求的读者提供了全方位的备考指导。

◆ 主　　编　左凤鸣
责任编辑　胡俊英
责任印制　马振武

◆ 人民邮电出版社出版发行　　北京市丰台区成寿寺路11号
邮编　100164　　电子邮件　315@ptpress.com.cn
网址　https://www.ptpress.com.cn
三河市中晟雅豪印务有限公司印刷

◆ 开本：787×1092　1/16
印张：14.75　　2025年1月第1版
字数：313千字　　2025年1月河北第1次印刷

定价：69.80元（共24册）

读者服务热线：(010)81055410　印装质量热线：(010)81055316
反盗版热线：(010)81055315
广告经营许可证：京东市监广登字20170147号

编 委 简 介

主编

左凤鸣

佐助编程创始人
十年一线编程教学经验
CCF 认证的 NOI 指导教师
全国青少年软件编程指导教师
《C++ 少儿编程轻松学》作者

编委

肖海波

清华大学 2021 级本科生
全国青少年信息学奥林匹克联赛（NOIP）提高组①一等奖
全国青少年信息学奥林匹克竞赛冬令营（NOIWC）银牌
全国青少年信息学奥林匹克竞赛（NOI）国赛银牌

温铠瑞

清华大学 2021 级本科生
全国青少年信息学奥林匹克联赛（NOIP）提高组一等奖
全国青少年信息学奥林匹克竞赛冬令营（NOIWC）金牌
亚洲与太平洋地区信息学奥林匹克（APIO）金牌
全国青少年信息学奥林匹克竞赛（NOI）国赛银牌

曹歆蕤

清华大学 2021 级本科生
全国青少年信息学奥林匹克联赛（NOIP）提高组一等奖
全国青少年信息学奥林匹克竞赛冬令营（NOIWC）银牌
全国青少年信息学奥林匹克竞赛（NOI）国赛银牌

杨恺

清华大学 2021 级本科生
全国青少年信息学奥林匹克联赛（NOIP）提高组 一等奖
全国青少年信息学奥林匹克竞赛（NOI）国赛银牌

宦皓然

清华大学 2021 级本科生
全国青少年信息学奥林匹克联赛（NOIP）提高组一等奖
亚洲与太平洋地区信息学奥林匹克（APIO）金牌
全国青少年信息学奥林匹克竞赛（NOI）国赛银牌

---

① 2019 年以前，该竞赛分为普及组和提高组。自 2019 年开始，该竞赛分为入门级和提高级。

前　言

随着时代的发展，编程对于青少年来说已经变得非常重要，甚至是每个学生都应该学习的。为了培养和提升青少年的编程能力，参加中国计算机学会组织的全国青少年信息学奥林匹克竞赛是很多家长和学生的选择。全国青少年信息学奥林匹克竞赛有一系列赛事，其中影响范围较大的就是CSP 非专业级别软件能力认证，分为 CSP-J（Junior，入门级）和 CSP-S（Senior，提高级）。这个比赛有两轮——初赛和复赛，通过初赛后才能进入复赛。

如今，社会、学校及家长越来越重视学生信息学方面的教育，初赛的竞争也越来越激烈。作为从事信息学奥林匹克竞赛教学工作十余年的教师，我真切地了解初赛的重要性，以及学生和教师应该如何高效地备考。在准备初赛时，最直接有效的方式就是刷题，一是往年的真题，二是高质量的模拟题。虽然我们都知道真题和模拟题很有价值，但真题和模拟题以什么样的方式呈现，以及怎样高效合理地运用，是很多教师、学生容易忽视的环节。

下面简单总结了目前很多学生和教师在准备初赛时遇到的一些问题以及本书给出的应对策略。

1. 优化内容呈现方式

一些学生使用的初赛练习题是把题目和答案装订在一起的，这样会导致自控力较差的学生直接参考答案，逐渐失去独立思考的能力。

考虑到以上问题，本书在呈现方式上有所创新，每套测试题都可以独立使用，题目和答案也分开装订，学生在规定的时间内完成试题后，再核对答案。

2. 提高试题使用效率

为了方便教师用真题和模拟题高效地组织模拟训练和考试，使学生在训练和考试过程中更有参与感和竞争感，我们专门开发了针对初赛的测评系统，教师在组织学生训练的时候可以快速对学生的答案进行测评，给出对应的分数，并显示正确答案及每个学生的排名。利用这套测评系统，教师不用再单独对每个学生的试卷进行批改、算分、排名，学生也能及时了解自己的分数和排名。

选择本书的理由

CSP-J 初赛和复赛的考查方式和考试形式完全不同。复赛是编程题，需要上机编程实践；而初赛是选择题和判断题，无须编程实践。因此初赛的备考和复赛不同，以真题和模拟题的方式巩固知识点是准备初赛比较好的方式。本书包含 CSP-J 初赛的相关知识点和考点，并且把这些融入具体的题目中。

本书还有姊妹篇——《信息学奥赛 CSP-S 初赛通关手册》，两本书都囊括了 10 套真题和 10 套模拟题，并且配备试题参考答案和答案解析（电子版）。此外，书中的题目都按照初赛考试的新考点和新题型设置。

本书亮点

1. 配套初赛检测系统

本书读者可免费使用线上的“初赛练习”和“初赛测评”功能。

2. 配套在线评测系统

本书读者可免费使用在线题库，完成“编程练习”和“编程检测”。

3. 题型与时俱进

信息学奥赛的初赛从 2019 年开始对题型进行了调整，新题型只有选择题和判断题，而此前还有填空题。本书的所有题目都按照新题型进行编写，并且对 2014—2018 年的真题也按照新题型进行了重新编排，以适应新的考试题型。

4. 高质量模拟题

本书包含参考往年真题并按照新考点及新题型编写的 10 套高质量模拟题。

5. 强大的教研团队

本书由教学经验丰富的教师以及竞赛获奖选手组成的教研团队共同编写，能够准确地把握竞赛的考点和考查范围。

6. 方便的装帧设计

为方便读者学习和练习，本书特意设计成每套题都独立成册的形式，答案也独立装订，更贴近真实的比赛形式。

目标读者

本书适合所有准备参加信息学奥赛 CSP- J 初赛的学生和辅导教师使用。

关于勘误

虽然我们花了很多时间和精力改编、出题并编写答案及解析，但难免会有一些错误或纰漏。读者如果发现任何问题或者有任何建议，请将相关信息反馈至电子邮箱 zuofengming123@qq.com。

配套资源

本书配套提供初赛检测系统和在线评测系统，所有读者都可通过扫描二维码免费注册使用。另外，该系统提供 VIP 教师管理权限，可以帮助教师更好地开展教学管理工作。

左凤鸣

目　录

第一部分　配套题库系统介绍

关于初赛检测系统 …… （共 4 页）

关于佐助题库 …… （共 6 页）

第二部分　十年精编 CSP-J 初赛真题

2014 全国青少年信息学奥林匹克联赛初赛（普及组）（已根据新题型改编）…… （共 8 页）

2015 全国青少年信息学奥林匹克联赛初赛（普及组）（已根据新题型改编）…… （共 8 页）

2016 全国青少年信息学奥林匹克联赛初赛（普及组）（已根据新题型改编）…… （共 12 页）

2017 全国青少年信息学奥林匹克联赛初赛（普及组）（已根据新题型改编）…… （共 8 页）

2018 全国青少年信息学奥林匹克联赛初赛（普及组）（已根据新题型改编）…… （共 8 页）

2019 CCF 非专业级别软件能力认证第一轮（CSP-J1）…… （共 8 页）

2020 CCF 非专业级别软件能力认证第一轮（CSP-J1）…… （共 8 页）

2021 CCF 非专业级别软件能力认证第一轮（CSP-J1）…… （共 12 页）

2022 CCF 非专业级别软件能力认证第一轮（CSP-J1）…… （共 12 页）

2023 CCF 非专业级别软件能力认证第一轮（CSP-J1）…… （共 8 页）

第三部分　十套 CSP-J 初赛模拟题

CSP-J 初赛模拟题（一）…… （共 12 页）

CSP-J 初赛模拟题（二）…… （共 8 页）

CSP-J 初赛模拟题（三）…… （共 12 页）

CSP-J 初赛模拟题（四）…… （共 8 页）

CSP-J 初赛模拟题（五）…… （共 8 页）

CSP-J 初赛模拟题（六）…… （共 8 页）

CSP-J 初赛模拟题（七）…… （共 8 页）

CSP-J 初赛模拟题（八）…… （共 8 页）

CSP-J 初赛模拟题（九）…… （共 12 页）

CSP-J 初赛模拟题（十）…… （共 12 页）

第四部分　参考答案

十年精编 CSP-J 初赛真题的参考答案 …… （共 10 页）

十套 CSP-J 初赛模拟题的参考答案 …… （共 10 页）

关于初赛检测系统

本书在佐助题库中为学生和教师配备了“初赛练习”“初赛测评”等定制功能，适合中小学生练习和准备信息学奥赛 CSP-J 的初赛。

一、学生功能介绍

1. 在线练习

作为配套功能，针对本书的部分题目，学生可以在系统的“初赛练习”（见图 1）里进行线上练习和复习并提交试卷（见图 2）。此外，系统提供“限时测试”和“自由练习”两个功能，如图 3 所示。

佐助题库 题目 题目类别 记录 在线考试 专题训练 初赛练习 初赛测评 班级 排名 test123

初赛练习列表 练习记录

输入ID或练习名称 搜索

ID	名称	简介	时长（分钟）
1030	CSP 2021 提高组第一轮	信息学奥赛初赛真题（2021年提高组）	120
1029	CSP 2021 入门组第一轮	信息学奥赛初赛真题（2021年普及组）	120

图 1

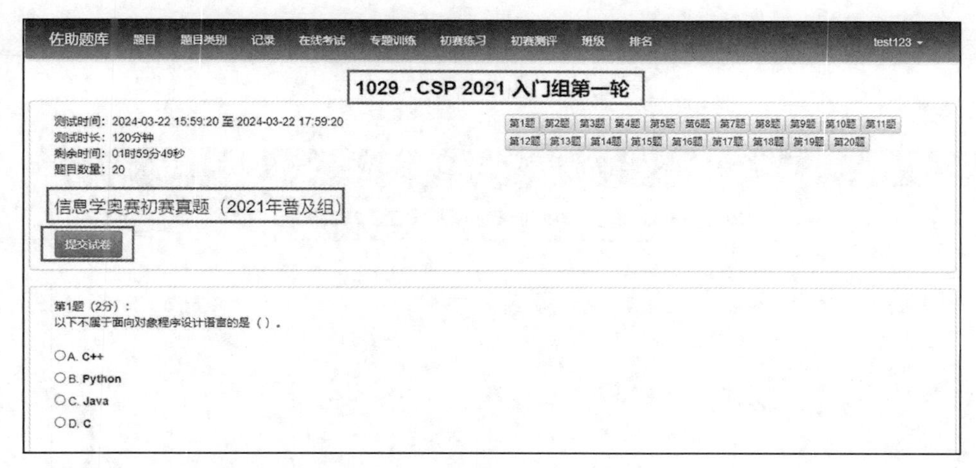

图 2

图 3

如图 4 所示，“初赛练习记录”功能会记录学生所有的练习情况，例如每次练习的时间、得分、错题等，方便学生复习总结。

ID	名称	简介	模式	开始时间	是否结束	操作
1029	CSP 2021 入门组第一轮	信息学奥赛初赛真题（2021年普及组）	限时模式	2024-03-24 23:00:41	已结束	查看
1011	NOIP 2012 提高组初赛试题	信息学奥赛初赛真题（2012年提高组）	限时模式	2023-07-30 13:36:47	已结束	查看
1030	CSP 2021 提高组第一轮	信息学奥赛初赛真题（2021年提高组）	限时模式	2023-07-13 12:51:48	已结束	查看

图 4

2. 在线检测

如图 5 和图 6 所示，本书的所有题目都可以利用系统的“初赛测评”功能进行检测。此外，学生可以先利用本书完成线下测试，然后完成线上检测并统计分数和排名（见图 7 和图 8）。

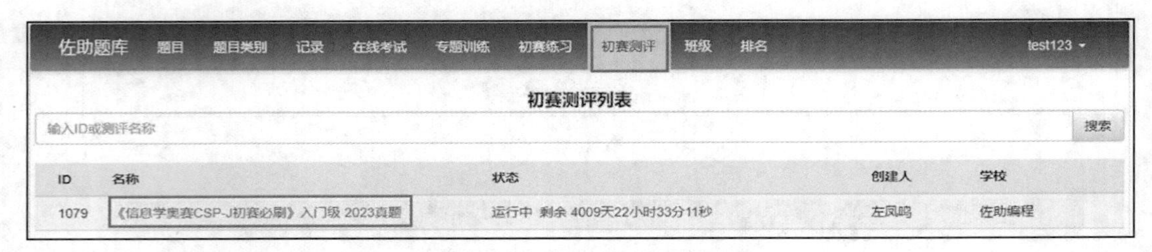

ID	名称	状态	创建人	学校
1079	《信息学奥赛CSP-J初赛必刷》入门级 2023真题	运行中 剩余 4009天22小时33分11秒	左凤鸣	佐助编程

图 5

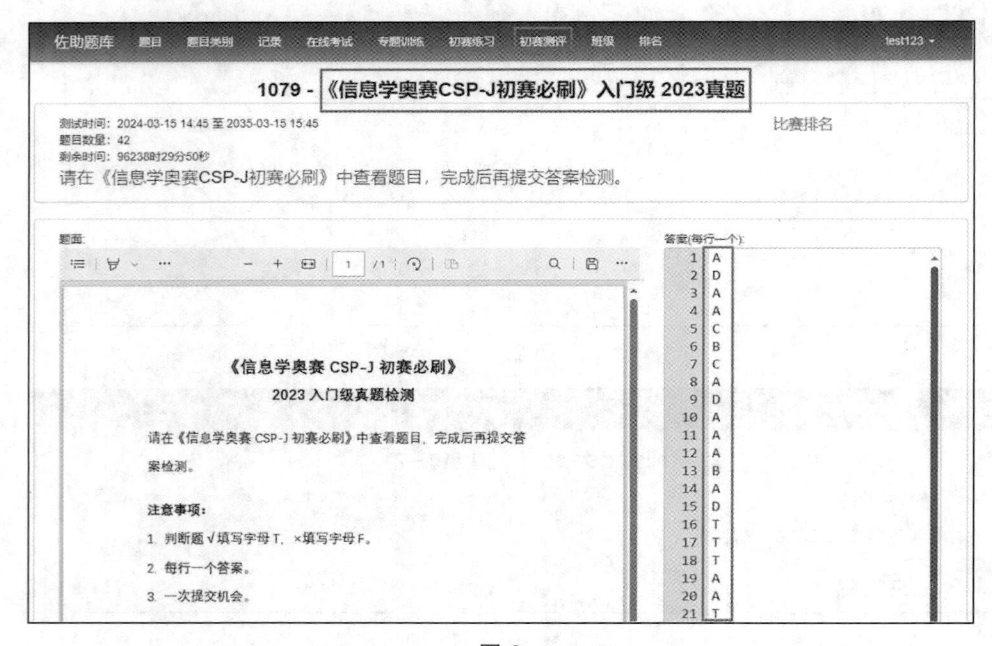

图 6

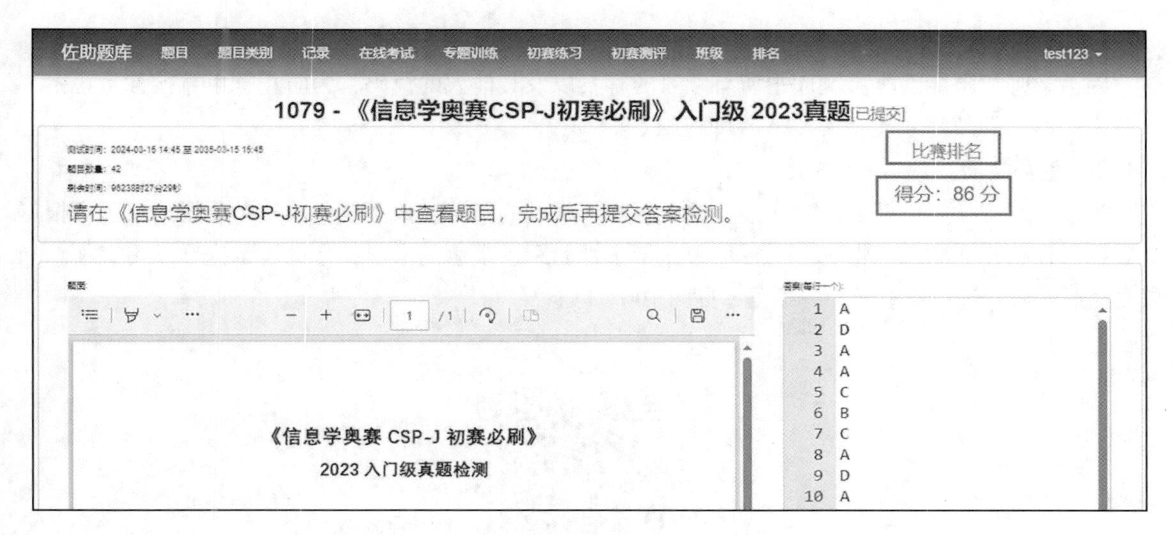

图 7

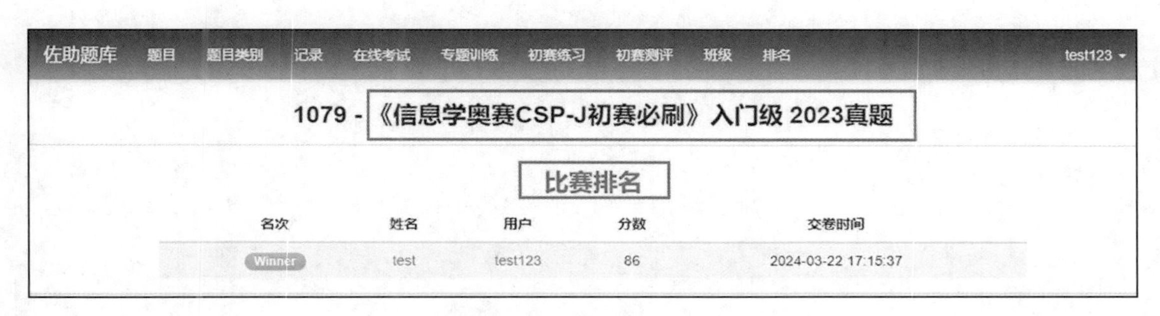

图 8

二 、教师功能介绍

如图 9 所示，教师可使用“初赛测评管理”功能，组织学生进行初赛模拟测试练习，并在左侧的“初赛测评”模块提交答案，系统会实时计算出每个学生的分数和排名，测试结束后也会显示正确答案。该功能可以帮助教师快速阅卷，同时也方便教师全面了解每个学生的学习情况和对知识的掌握程度。

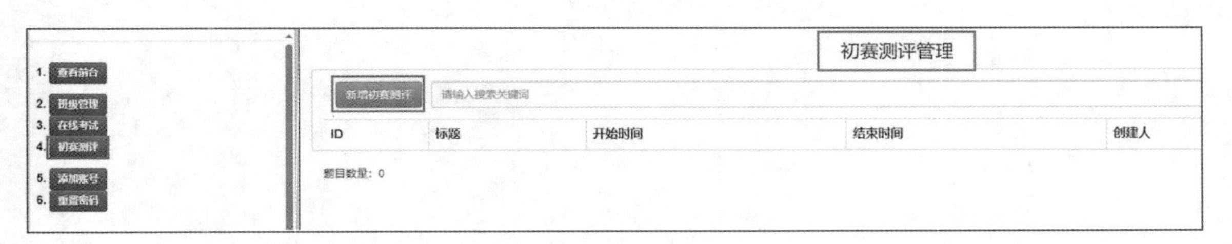

图 9

三 、功能获取

1. 学生功能

购买本书的读者均可通过扫描书中的二维码，免费注册佐助题库并使用所有学生功能。

2. 教师功能

因为教师权限能够查看题库中所有题目的答案以及其他人的代码，为防止学生直接参考答案，只有团购本书的教师才能获得 VIP 教师权限。

3. 免费注册

为促进编程学习以及更加真实地反映学生和各学校的情况，该系统要求实名注册。家长可根据学生姓名检查作业和练习情况。学校可根据学生姓名跟进学生的学习，帮助学生提升学习兴趣。如果要注册账号，请扫描下面的二维码（见图 10）。

图 10

关于佐助题库

佐助题库是一个适合中小学生的编程练习平台，提供了丰富多样的编程题目，并分别针对学生和教师开发了定制功能，对于有进一步学习需求和资源需求的学生和教师，可充分利用佐助题库的相关功能和资源。

一、题库特点

1. 题目丰富，类型齐全，难度从基础到提高，涵盖初赛题和复赛题。
2. 题目难度适合中小学生。
3. 界面简洁、分类清晰。
4. 方便学习检测。当遇到错题时，系统会自动返回测试点输出当前数据，并与正确的输出数据进行对比。
5. 有 VIP 教师管理系统。
6. 方便教学管理，教师可以注册和管理学生账号。

二、学生功能介绍

1. 编程题目

如图 1 所示，题库中有大量练习题，涵盖各阶段的编程练习，学生可根据题目分类、难度等级等选择性地进行练习。

图 1

2. 编程检测

如图 2 所示，每道题都设置了测试点以便系统进行程序检测，学生编写完程序后可提交到题库以检测程序的对错。

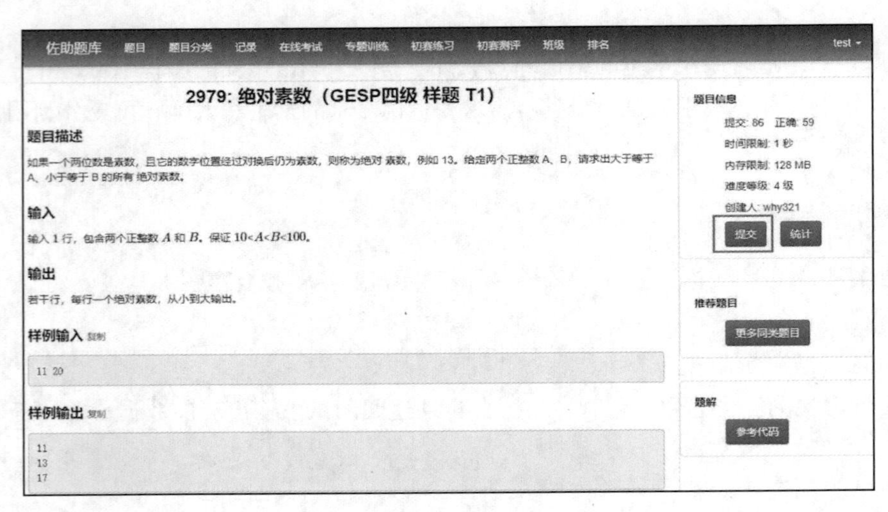

图 2

3. 源码暂存

如图 3 所示，学生编写的程序可存储到题库，如果后续需要再次使用或者复习，可直接在题库里查阅。同时该功能也相当于在线笔记，方便学生参考。

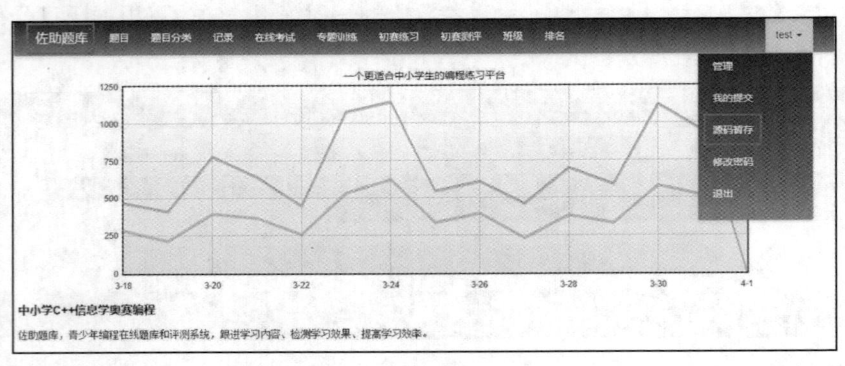

图 3

三、教师功能介绍

1. 编程题目

教师可选择题库中的各类题目给学生布置作业或者进行模拟测试，系统提供的编程题目类别如下所示：

- C++ 编程基础题、普及组算法题、提高组算法题[①]；
- 信息学奥林匹克竞赛真题和模拟题；

① 这里的“普及组”和“提高组”分别与考试中的“入门级”和“提高级”相对应。

- 等级考试（如 CCF 编程能力等级认证）真题和模拟题；
- 蓝桥杯真题和模拟题；
- VIP 题目。

2. **班级作业管理**

如图 4 所示，教师可以通过“班级管理”功能创建自己的班级并添加学生。此外，教师还可以布置作业，并设置作业名称、作业简介、开始时间、结束时间，查看学生的作业完成情况，查看学生提交的代码等，如图 5 所示。

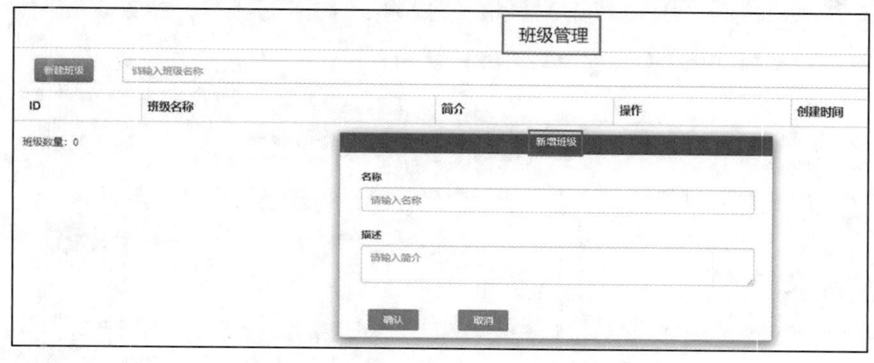

图 4

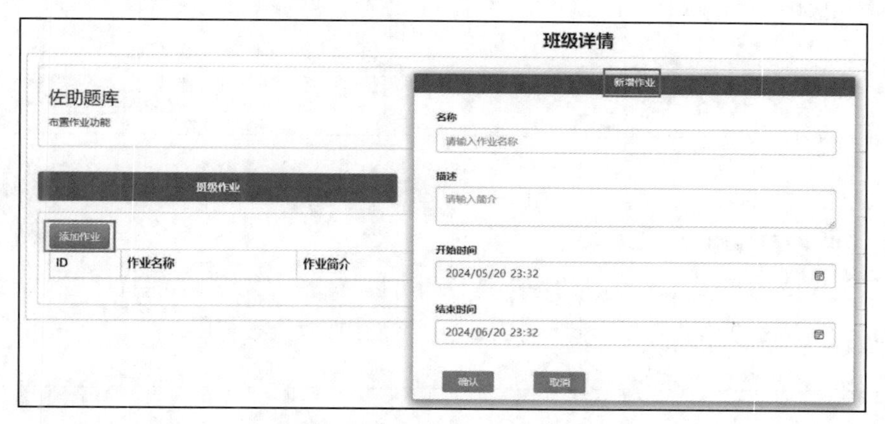

图 5

3. **组织在线考试**

如图 6 所示，教师可以创建在线考试，让学生在规定时间内完成考试，并由教师查看考试情况。

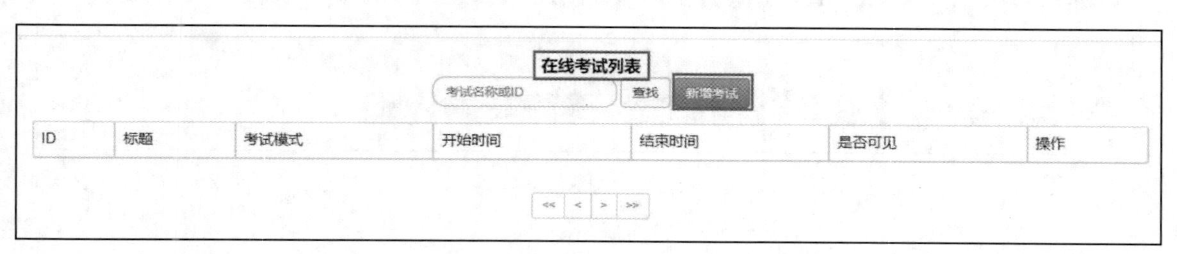

图 6

考试可以设置两种模式：

- ACM 模式——题目程序可以重复提交、检测；
- OI 模式——每个题的程序只能提交一次、检测一次。

4. 查看参考程序

如图 7 所示，教师可查看题库中题目的参考程序（即图中的“参考代码”），还可以查看其他学生的程序。

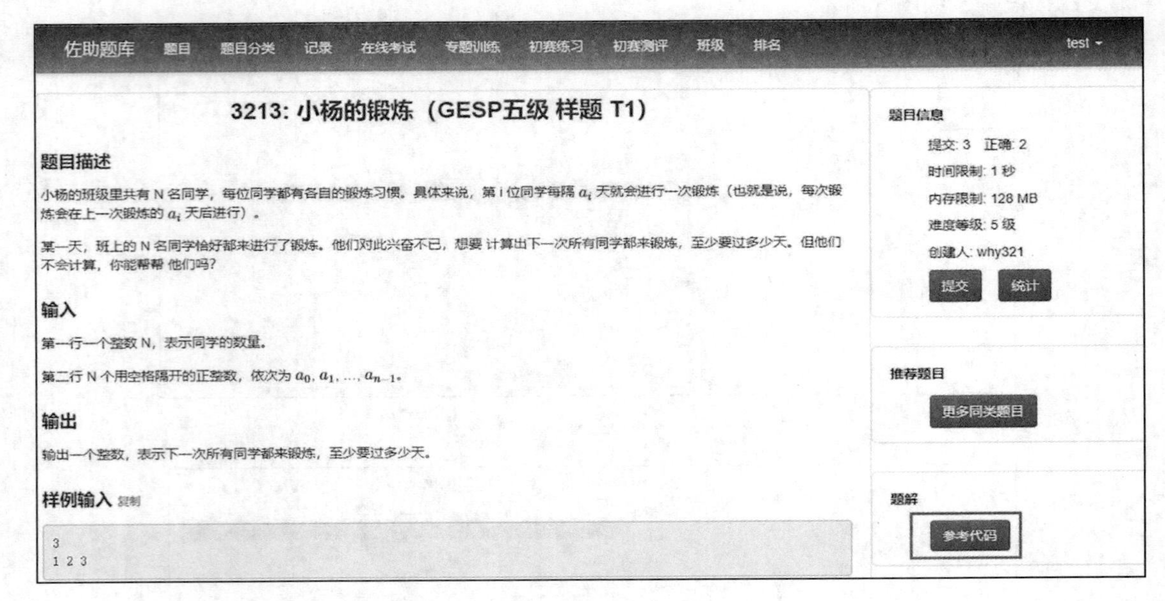

图 7

5. 拥有 VIP 题目权限

图 8 所示为 VIP 题目，此类题目的特点是教师可以查看，而学生不能直接查看。只有当教师把 VIP 题目作为考试题或者作业题布置给学生时，学生才拥有查看权限。

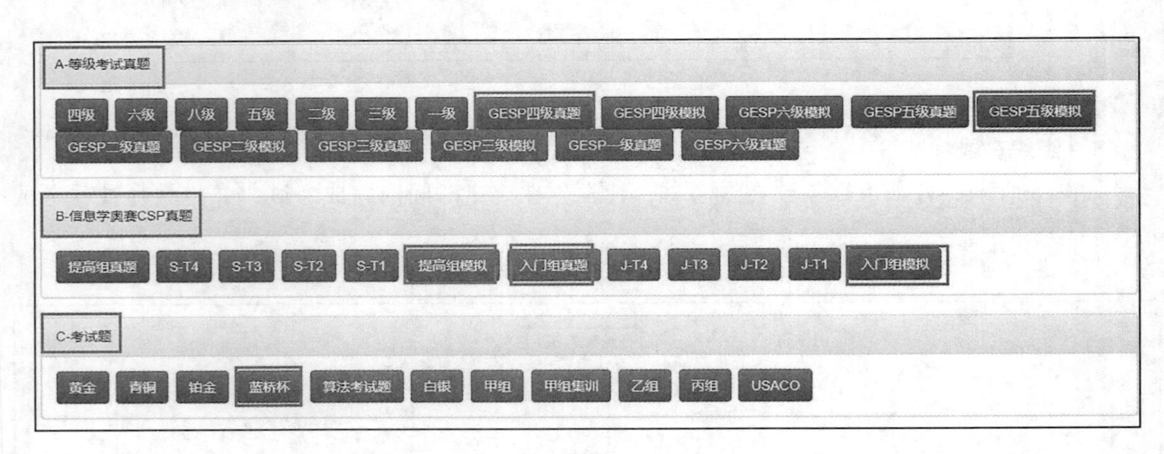

图 8

6. 学生管理

如图 9 所示，教师可以通过“创建账号”功能创建学生账号、重置学生密码等。这项功能可以帮助教师更好地进行教学管理。

图 9

为促进编程学习以及更加真实地反映学生和各学校的情况，佐助题库系统要求实名注册。如果要注册账号，请扫描下面的二维码（见图 10）。

图 10

2014 全国青少年信息学奥林匹克联赛初赛（普及组）
（已根据新题型改编）

普及组 C++ 语言试题

注意事项：

- 本试卷满分 100 分，时间 120 分钟。完成测试后，学生可在配套的“佐助题库”里提交自己的答案进行测评，查看分数和排名。
- 测评方式：登录“佐助题库”，点击“初赛测评”，输入 ID“1070”，密码为 123456。
- 没有“佐助题库”账号的读者，请根据本书“关于初赛检测系统”的介绍，免费注册账号。

一、选择题（共 22 题，第 1~20 题，每题 1.5 分，第 21 题和第 22 题，每题 5 分，共计 40 分；每题有且仅有一个正确选项）

1. （　　）是面向对象的高级语言。

A．汇编语言

B．C++

C．Fortran

D．BASIC

2. 1TB 代表的字节数量是（　　）。

A．2 的 10 次方

B．2 的 20 次方

C．2 的 30 次方

D．2 的 40 次方

3. 二进制数 00100100 和 00010101 的和是（　　）。

A．00101000

B．001010100

C．01000101

D．00111001

4. （　　）属于输出设备。

A．扫描仪

B．键盘

C．鼠标

D．打印机

5. 下列对操作系统功能的描述最为完整的是（　　）。

A．负责外设与主机之间的信息交换

B．负责诊断机器的故障

C．控制和管理计算机系统的各种硬件和软件资源的使用

D．将源程序编译成目标程序

6. CPU、存储器、I/O 设备是通过（　　）连接起来的。

A．接口

B．总线

C．控制线

D．系统文件

7. 断电后会丢失数据的存储器是（　　）。

A．RAM

B．ROM

C．硬盘

D．光盘

8. （　　）属于电子邮件的收发协议。

A．SMTP

B．UDP

C．P2P

D．FTP

9. 下列选项中不属于图像格式的是（　　）。

A．JPEG 格式

B．TXT 格式

C．GIF 格式

D．PNG 格式

10. 链表不具有的特点是（　　）。

A．不必事先估计存储空间

B．可随机访问任一元素

C．插入、删除操作不需要移动元素

D．所需空间与线性表长度成正比

11. 下列各无符号十进制整数中，能用八位二进制表示的数中最大的是（　　）。

A．296

B．133

C．256

D．199

12. 下列几个 32 位 IP 地址中，书写错误的是（　　）。

A．162.105.142.27

B．192.168.0.1

C. 256.256.129.1

D. 10.0.0.1

13. 要求以下程序的功能是计算 $s = 1 + 1/2 + 1/3 + \cdots + 1/10$。

```
#include <iostream>
using namespace std;
int main() {
    int n;
    float s;
    s = 1.0;
    for (n = 10; n > 1; n--)
       s = s + 1 / n;
    cout << s << endl;
    return 0;
}
```

当程序运行后输出结果错误，导致结果错误的程序行是（　　）。

A. `s = 1.0;`

B. `for (n = 10; n > 1; n--)`

C. `s = s + 1 / n;`

D. `cout << s << endl;`

14. 设变量 x 为 float 型且已赋值，则以下语句中能将 x 中的数值保留到小数点后两位，并将第三位四舍五入的是（　　）。

A. `x = (x * 100) + 0.5 / 100.0;`

B. `x = (x * 100 + 0.5) / 100.0;`

C. `x = (int) (x * 100 + 0.5) / 100.0;`

D. `x = (x / 100 + 0.5) * 100.0;`

15. 有以下程序：

```
#include <iostream>
using namespace std;
int main() {
   int s, a, n;
   s = 0;
   a = 1;
   cin >> n;
   do {
      s += 1;
      a -= 2;
   } while (a != n);
   cout << s << endl;
   return 0;
}
```

若要使程序的输出值为 2，则从键盘输入的 n 的值是（　　）。

A. −1　　B. −3　　C. −5　　D. 0

16. 一棵具有 5 层的满二叉树的节点数为（　　）。

A. 31　　B. 32　　C. 33　　D. 16

17. 有向图中每个顶点的度等于该顶点的（　　）。

A. 入度　　B. 出度

C. 入度与出度之和　　D. 入度与出度之差

18. 假设有 100 个数据元素，当采用折半搜索时，最多比较次数为（　　）。

A. 6　　B. 7　　C. 8　　D. 10

19. 若有如下程序段，其中 s、a、b、c 均已定义为整型变量，且 a、c 均已赋值，c > 0。

```
s = a;
for (b = 1; b <= c; b++)
   s += 1;
```

则与上述程序段功能等价的赋值语句是（　　）。

A. `s = a + b`　　B. `s = a + c`

C. `s = s + c`　　D. `s = b + c`

20. 计算机界的最高奖是（　　）。

A. 菲尔兹奖　　B. 诺贝尔奖　　C. 图灵奖　　D. 普利策奖

21. （5 分）把 M 个同样的球放到 N 个同样的袋子里，允许有的袋子空着不放，问共有多少（用 K 表示）种不同的放置方法。

例如：$M=7$，$N=3$ 时，$K=8$；在这里认为（5,1,1）和（1,5,1）是同一种放置方法。

问：$M=8$，$N=5$ 时，$K=$（　　）。

A. 15　　B. 18　　C. 20　　D. 21

22. （5 分）如下图所示，图中每条边上的数字表示该边的长度，则从 A 到 E 的最短距离是（　　）。

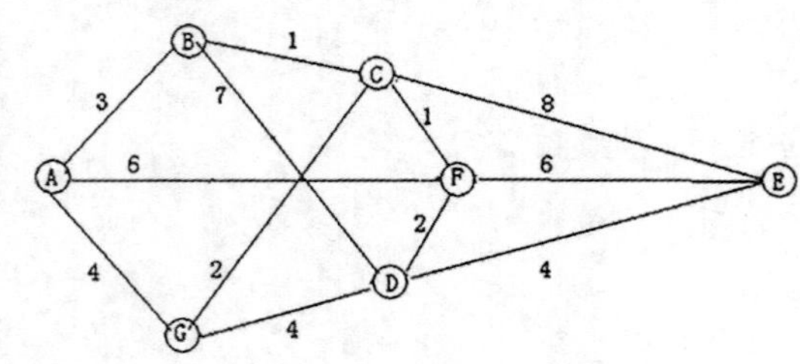

A. 10　　B. 11　　C. 12　　D. 14

二、阅读程序（共 4 题，每题 8 分，共计 32 分）

（一）阅读以下程序，完成相关题目。

```
#include <iostream>
using namespace std;
int main() {
    int a, b, c, d, ans;
    cin >> a >> b >> c;
    d = a - b;
    a = d + c;
```

```
    ans = a * b;
    cout << "Ans = " << ans << endl;
    return 0;
}
```

23. 输入：2 3 4

输出：（　　）

A. Ans = –3　　B. Ans = 6　　C. Ans = 9　　D. Ans = 12

（二）阅读以下程序，完成相关题目。

```
#include <iostream>
using namespace std;
int fun(int n) {
    if (n == 1)
        return 1;
    if (n == 2)
        return 2;
    return fun(n - 2) - fun(n - 1);
}
int main() {
    int n;
    cin >> n;
    cout << fun(n) << endl;
    return 0;
}
```

24. 输入：7

输出：（　　）

A. –13　　B. –11　　C. –10　　D. –8

（三）阅读以下程序，完成相关题目。

```
#include <iostream>
#include <string>
using namespace std;
int main()
{
    string st;
    int i, len;
    getline(cin, st);
    len = st.size();
    for (i = 0; i < len; i++){
        if (st[i] >= 'a' && st[i] <= 'z')
            st[i] = st[i] - 'a' + 'A';
    }
    cout << st << endl;
    return 0;
}
```

25. 输入：Hello, my name is Lostmonkey.

输出：（　　）

A. HELLO, MY NAME IS LOSTMONKEY.

B. hello, my name is lostmonkey.

C. Hello, my name is Lostmonkey.

D. HELLO,

（四）阅读以下程序，完成相关题目。

```
#include <iostream>
using namespace std;
const int SIZE = 100;
int main()
{
    int p[SIZE];
    int n, tot, i, cn;
    tot = 0;
    cin >> n;
    for (i = 1; i <= n; i++)
        p[i] = 1;
    for (i = 2; i <= n; i++){
        if (p[i] == 1)
            tot++;
        cn = i * 2;
        while (cn <= n) {
            p[cn] = 0;
            cn += i;
        }
    }
    cout << tot << endl;
    return 0;
}
```

26. 输入：30

输出：（　　）

A. 8　　B. 9　　C. 10　　D. 11

三、完善程序（共 2 题，共计 28 分）

（一）（数字删除）下面程序的功能是将字符串中的数字字符删除后再输出，试补全程序。（每小题 3 分，共 12 分）

```
#include <iostream>
using namespace std;
int delnum(char *s) {
    int i, j;
    j = 0;
    for (i = 0; s[i] != '\0'; i++)
```

```
        if (s[i] < '0' __①__ s[i] > '9') {
            s[j] = s[i];
            __②__;
        }
    return __③__;
}
const int SIZE = 30;
int main() {
    char s[SIZE];
    int len, i;
    cin.getline(s, sizeof(s));
    len = delnum(s);
    for (i = 0; i < len; i++)
        cout << __④__;
    cout << endl;
    return 0;
}
```

27. ①处应该填（　　）。

A. ==　　B. ||　　C. !=　　D. &&

28. ②处应该填（　　）。

A. j++　　B. j--　　C. j=i　　D. j=i+1

29. ③处应该填（　　）。

A. 0　　B. 1　　C. i　　D. j

30. ④处应该填（　　）。

A. s[i]　　B. i　　C. s[len]　　D. len

（二）（最大子矩阵和）给出 *m* 行 *n* 列的整数矩阵，求最大的子矩阵和（子矩阵不能为空）。

输入的第一行包含两个整数 *m* 和 *n*，即矩阵的行数和列数。之后的 *m* 行，每行有 *n* 个整数，以此描述整个矩阵。以下程序最终输出最大的子矩阵和，试补全程序。（最后一小题 4 分，其余每小题 3 分，共 16 分）

```
#include <iostream>
using namespace std;
const int SIZE = 100;
int matrix[SIZE + 1][SIZE + 1];
int rowsum[SIZE + 1][SIZE + 1];  //rowsum[i][j] 记录第 i 行前 j 个数的和
int m, n, i, j, first, last, area, ans;
int main() {
    cin >> m >> n;
    for (i = 1; i <= m; i++)
        for (j = 1; j <= n; j++)
            cin >> matrix[i][j];
    ans = matrix __①__;
    for (i = 1; i <= m; i++)
```

```
        ②  ;
    for (i = 1; i <= m; i++)
        for (j = 1; j <= n; j++)
                rowsum[i][j] = ③ ;
    for (first = 1; first <= n; first++)
        for (last = first; last <= n; last++) {
            ④ ;
            for (i = 1; i <= m; i++) {
                area += ⑤ ;
                if (area > ans)
                    ans = area;
                if (area < 0)
                    area = 0;
            }
        }
    cout << ans << endl;
    return 0;
}
```

31. ①处应该填（　　）。

A. [1]　　B. [1][1]

C. [0]　　D. [0][0]

32. ②处应该填（　　）

A. rowsum[i][0]=0　　B. rowsum[0][i]=0

C. rowsum[i][i]=0　　D. rowsum[0][0]=0

33. ③处应该填（　　）。

A. rowsum[i-1][j]+matrix[i][j]

B. rowsum[i-1][j]+matrix[i-1][j]

C. rowsum[i][j-1]+matrix[i][j]

D. rowsum[i][j-1]+matrix[i][j-1]

34. ④处应该填（　　）。

A. area=0　　B. ans=0

C. area++　　D. ans++

35. ⑤处应该填（　　）。

A. rowsum[last][i]-matrix[first-1][i]

B. rowsum[last][i]-rowsum[first-1][i]

C. rowsum[i][last]-matrix[i][first-1]

D. rowsum[i][last]-rowsum[i][first-1]

2015 全国青少年信息学奥林匹克联赛初赛（普及组）
（已根据新题型改编）

普及组 C++ 语言试题

注意事项：

- 本试卷满分 100 分，时间 120 分钟。完成测试后，学生可在配套的“佐助题库”里提交自己的答案进行测评，查看分数和排名。
- 测评方式：登录“佐助题库”，点击“初赛测评”，输入 ID“1071”，密码为 123456。
- 没有“佐助题库”账号的读者，请根据本书“关于初赛检测系统”的介绍，免费注册账号。

一、选择题（共 22 题，第 1~20 题，每题 1.5 分，第 21 题和第 22 题，每题 5 分，共计 40 分；每题有且仅有一个正确选项）

1. 1MB 等于（　　）。

A．1000 字节

B．1024 字节

C．1000 × 1000 字节

D．1024 × 1024 字节

2. 在 PC 中，PENTIUM（奔腾）、酷睿、赛扬等是指（　　）。

A．生产厂家名称

B．硬盘的型号

C．CPU 的型号

D．显示器的型号

3. 操作系统的作用是（　　）。

A．把源程序译成目标程序

B．便于进行数据管理

C．控制和管理系统资源

D．实现硬件之间的连接

4. 在计算机内部用来传送、存储、加工处理的数据或指令都是以（　　）形式进行的。

A．二进制码

B．八进制码

C．十进制码

D．智能拼音码

5. 下列说法正确的是（　　）。

A．CPU 的主要任务是执行数据运算和程序控制

B．存储器具有记忆能力，其中信息任何时候都不会丢失

C．两个显示器屏幕尺寸相同，则它们的分辨率必定相同

D．个人用户只能使用 Wi-Fi 的方式连接到 Internet

6. 二进制数 00100100 和 00010100 的和是（　　）。

A．00101000

B．01011001

C．01000100

D．00111000

7. 与二进制小数 0.1 相等的十六进制数是（　　）。

A．0.8

B．0.4

C．0.2

D．0.1

8. 所谓的“中断”是指（　　）。

A．操作系统随意停止一个程序的运行

B．当出现需要时，CPU 暂时停止当前程序的执行转而执行处理新情况的过程

C．因停机而停止一个程序的运行

D．计算机死机

9. 计算机病毒是（　　）。

A．通过计算机传播的危害人体健康的一种病毒

B．人为制造的能够侵入计算机系统并给计算机带来故障的程序或指令集合

C．一种由于计算机元器件老化而产生的对生态环境有害的物质

D．利用计算机的海量高速运算能力而研制出来的用于疾病预防的新型病毒

10. FTP 可以用于（　　）。

A．远程传输文件

B．发送电子邮件

C．浏览网页

D．网上聊天

11. 下面软件不属于即时通信软件的是（　　）。

A．QQ

B．MSN

C．微信

D．P2P

12. 6 个顶点的连通图构成的最小生成树，其边数为（　　）。

A．6

B．5

C．7

D．4

13. 链表不具备的特点是（　　）。

A．可随机访问任何一个元素

B．插入、删除操作不需要移动元素

C．无须事先估计存储空间大小

D．所需存储空间与存储元素个数成正比

14. 线性表若采用链表存储结构，要求内存中可用存储单元地址（　　）。

A．必须连续

B．部分地址必须连续

C．一定不连续

D．连续不连续均可

15. 今有一空栈 S，对下列待进栈的数据元素序列 a,b,c,d,e,f 依次执行进栈、进栈、出栈、进栈、进栈、出栈的操作，则此操作完成后，栈 S 的栈顶元素为（　　）。

A．f

B．c

C．a

D．b

16. 前序遍历序列与中序遍历序列相同的二叉树为（　　）。

A．根节点无左子树的二叉树

B．根节点无右子树的二叉树

C．只有根节点的二叉树或非叶子节点只有左子树的二叉树

D．只有根节点的二叉树或非叶子节点只有右子树的二叉树

17. 如果根的高度为 1，具有 61 个节点的完全二叉树的高度为（　　）。

A．5

B．6

C．7

D．8

18. 下列选项中不属于视频文件格式的是（　　）。

A．TXT

B．AVI

C．MOV

D．RMVB

19. 设某算法的计算时间表示为递推关系式 $T(n) = T(n-1) + n$（n 为正整数）及 $T(0) = 1$，则该算法的时间复杂度为（　　）。

A．$O(\log n)$

B．$O(n \log n)$

C．$O(n)$

D. $O(n^2)$

20. 在 NOI 系列赛事中，参赛选手必须使用由承办单位统一提供的设备。下列物品中不允许选手自带的是（　　）。

A. 鼠标

B. 笔

C. 身份证

D. 准考证

21. （5 分）重新排列 1234，使得每一个数字都不在原来的位置上，一共有（　　）种排法。

A. 24

B. 23

C. 6

D. 9

22. （5 分）一棵节点数为 2015 的二叉树最多有（　　）个叶子节点。

A. 2014

B. 1007

C. 1008

D. 504

二、阅读程序（共 4 题，每题 7.5 分，共计 30 分）

（一）阅读以下程序，完成相关题目。

```
#include <iostream>
using namespace std;
int main() {
    int a, b, c;
    a = 1;
    b = 2;
    c = 3;
    if (a > b) {
        if (a > c)
            cout << a << ' ';
        else
            cout << b << ' ';
    }
    cout << c << endl;
    return 0;
}
```

23. 输出：（　　）

A. 3　　B. 13　　C. 23　　D. 1 2 3

（二）阅读以下程序，完成相关题目。

```
#include <iostream>
using namespace std;
```

```
struct point {
        int x;
        int y;
};
int main() {
    struct EX {
        int a;
        int b;
        point c;
    } e;
    e.a = 1;
    e.b = 2;
    e.C.x = e.a + e.b;
    e.C.y = e.a * e.b;
    cout << e.C.x << ',' << e.C.y << endl;
    return 0;
}
```

24. 输出：（　　）

A. 2,3　　B. 3,2　　C. 1,2　　D. 2,1

（三）阅读以下程序，完成相关题目。

```
#include <iostream>
#include <string>
using namespace std;
int main() {
    string str;
    int i;
    int count;
    count = 0;
    getline(cin, str);
    for (i = 0; i < str.length(); i++)
        { if(str[i] >= 'a' && str[i] <=
        'z')
            count++;
    }
    cout << "It has " << count << " lowercases" << endl;
    return 0;
}
```

25. 输入：NOI2016 will be held in Mian Yang.

输出：It has （　　） lowercases

A. 16　　B. 17　　C. 18　　D. 19

（四）阅读以下程序，完成相关题目。

```
#include <iostream>
using namespace std;
```

```
void fun(char *a, char *b)
   { a = b;
   (*a)++;
}
int main() {
   char c1, c2, *p1, *p2;
   c1 = 'A';
   c2 = 'a';
   p1 = &c1;
   p2 = &c2;
   fun(p1, p2);
   cout << c1 << c2 << endl;
   return 0;
}
```

26. 输出：（　　）

A. ba　　B. aa　　C. Ba　　D. Ab

三、完善程序（共 10 题，每题 3 分，共计 30 分）

（一）（打印月历）输入月份 m（$1 \leqslant m \leqslant 12$），按一定格式打印 2015 年第 m 月的月历。例如，2015 年 1 月的月历打印效果如下（第一列为周日）：

S	M	T	W	T	F	S
				1	2	3
4	5	6	7	8	9	10
11	12	13	14	15	16	17
18	19	20	21	22	23	24
25	26	27	28	29	30	31

试补全程序。

```
#include <iostream>
using namespace std;
const int dayNum[]={-1, 31, 28, 31, 30, 31, 30, 31, 31, 30, 31, 30, 31};
int m, offset, i;
int main() {
  cin >> m;
  cout << "S\tM\tT\tW\tT\tF\tS" << endl; // '\t' 为 TAB 制表符
  ___①___;
  for (i = 1; i < m; i++)
    offset =___②___;
  for (i = 0; i < offset; i++)
    cout << '\t';
  for (i = 1; i <=___③___; i++)
    { cout <<___④___;
    if (i == dayNum[m] ||___⑤___== 0)
      cout << endl;
```

```
      else
        cout << '\t';
    }
    return 0;
}
```

27. ①处应填（　　）。

A. offset = 3

B. offset = 2

C. offset = 1

D. offset = 4

28. ②处应填（　　）。

A. (offset + 1) % 7

B. offset + 1

C. (offset + dayNum[i]) % 7

D. offset + dayNum[i]

29. ③处应填（　　）。

A. 31

B. dayNum[offset]

C. 30

D. dayNum[m]

30. ④处应填（　　）。

A. 1

B. i

C. dayNum[i]

D. '\t'

31. ⑤处应填（　　）。

A. i % 7

B. offset % 7

C. (offset + i) % 7

D. dayNum[i] % 7

（二）（中位数）给定 n（n 为奇数且小于 1000）个整数，整数的范围在 0 ~ m（$0 < m < 2^{31}$）之间，请使用二分法求这 n 个整数的中位数。

提示：所谓中位数，是指将这 n 个数排序之后，排在正中间的数。

试补全程序。

```
#include <iostream>
using namespace std;
const int MAXN = 1000;
int n, i, lbound, rbound, mid, m, count;
int x[MAXN];
```

```
int main() {
    cin >> n >> m;
    for (i = 0; i < n; i++)
        cin >> x[i];
    lbound = 0;
    rbound = m;
    while (___①___) {
        mid = (lbound + rbound) / 2;
        ___②___;
        for (i = 0; i < n; i++)
            if (___③___)
                ___④___;
        if (count > n / 2)
            lbound = mid + 1;
        else
            ___⑤___;
    }
    cout << rbound << endl;
    return 0;
}
```

32. ①处应填（　　）。

A. `lbound + 1 < rbound`　　B. `lbound < rbound`

C. `lbound <= rbound`　　D. `lbound <= rbound + 1`

33. ②处应填（　　）。

A. `count = 0`　　B. `count = mid`

C. `count = n`　　D. `count = count + 1`

34. ③处应填（　　）。

A. `x[i] <= mid`　　B. `x[i] < mid`

C. `x[i] >= mid`　　D. `x[i] > mid`

35. ④处应填（　　）。

A. `count = 0`　　B. `count = i`

C. `count = count + 1`　　D. `count = count + i`

36. ⑤处应填（　　）。

A. `rbound = mid`　　B. `rbound = mid - 1`

C. `rbound = mid + 1`　　D. `rbound = lbound`

2016全国青少年信息学奥林匹克联赛初赛（普及组）（已根据新题型改编）

普及组 C++ 语言试题

注意事项：

- 本试卷满分 100 分，时间 120 分钟。完成测试后，学生可在配套的“佐助题库”里提交自己的答案进行测评，查看分数和排名。
- 测评方式：登录“佐助题库”，点击“初赛测评”，输入 ID“1072”，密码为 123456。
- 没有“佐助题库”账号的读者，请根据本书“关于初赛检测系统”的介绍，免费注册账号。

一、选择题（共 22 题，第 1 ~ 20 题，每题 1.5 分，第 21 题和第 22 题，每题 5 分，共计 40 分；每题有且仅有一个正确选项）

1. 以下不是微软公司出品的软件是（　　）。

A．PowerPoint

B．Word

C．Excel

D．Acrobat Reader

2. 如果 256 种颜色用二进制编码来表示，至少需要（　　）位。

A．6

B．7

C．8

D．9

3. 以下不属于无线通信技术的是（　　）。

A．蓝牙

B．Wi-Fi

C．GPRS

D．以太网

4. 以下不是 CPU 生产厂家的是（　　）。

A．Intel

B．AMD

C．Microsoft

D．IBM

5. 以下不是存储设备的是（　　）。

A．光盘

B．磁盘

C．固态硬盘

D．鼠标

6. 如果开始时计算机处于小写输入状态，现在有一只小老鼠反复按照 Caps Lock、字母键 A、字母键 S 和字母键 D 的顺序循环按键，即 Caps Lock、A、S、D、Caps Lock、A、S、D……屏幕上输出的第 81 个字符是字母（　　）。

A．A

B．S

C．D

D．a

7. 二进制数 00101100 和 00010101 的和是（　　）。

A．00101000

B．01000001

C．01000100

D．00111000

8. 与二进制小数 0.1 相等的八进制数是（　　）。

A．0.8

B．0.4

C．0.2

D．0.1

9. 以下属于 32 位机器和 64 位机器的区别的是（　　）。

A．显示器不同

B．硬盘大小不同

C．寻址空间不同

D．输入法不同

10. 以下关于字符串的判定语句正确的是（　　）。

A．字符串是一种特殊的线性表

B．串的长度必须大于零

C．字符串不可以用数组来表示

D．空格字符组成的串就是空串

11. 一棵二叉树如右图所示，若采用顺序存储结构，即用一维数组元素存储该二叉树中的节点［根节点的下标为 1，若某节点的下标为 i，则其左孩子位于下标 $2i$ 处、右孩子位于下标（$2i+1$）处］，则图中所有节点的最大下标为（　　）。

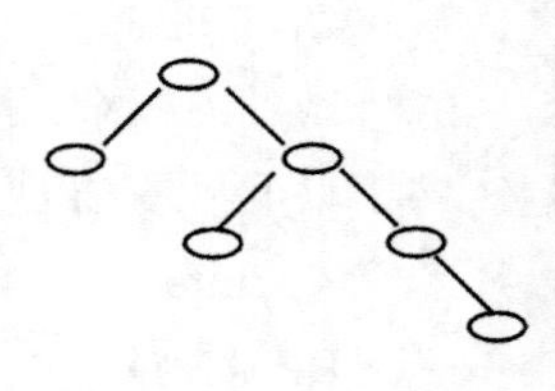

A．6

B．10

C. 12

D. 15

12. 若有如下程序段，其中s、a、b、c均已定义为整型变量，且a、c均已赋值（c大于0）。

```
s = a;
for (b = 1; b <= c; b++) s
   = s + 1;
```

则与上述程序段修改s值的功能等价的赋值语句是（　　）。

A. s = a + b;

B. s = a + c;

C. s = s + c;

D. s = b + c;

13. 有以下程序：

```
#include <iostream>
using namespace std;
int main() {
      int k = 4, n = 0;
      while (n < k) {
            n++;
            if (n % 3 != 0) continue;
            k--;
      }
      cout << k << "," << n << endl;
      return 0;
}
```

程序运行后的输出结果是（　　）。

A. 2,2　　B. 2,3　　C. 3,2　　D. 3,3

14. 给定含有 n 个不同的数的数组 $L=<x_1, x_2, ..., x_n>$。如果 L 中存在 x_i（$1 < i < n$），使得 $x_1 < x_2 < ... < x_{i-1} < x_i > x_{i+1} > ... > x_n$，则称 L 是单峰的，并称 x_i 是 L 的“峰顶”。现在已知 L 是单峰的，请把a、b、c三行代码补全到算法中，使得算法准确找到 L 的峰顶。

```
    a. Search(k+1, n)
    b. Search(1, k-1)
    c. return L[k]
Search(1, n)
1. k←[n/2]
2. if L[k] > L[k-1] and L[k] > L[k+1]
3.    then______
4.    else if L[k] > L[k-1] and L[k] < L[k+1]
5.    then______
6.    else______
```

正确的填空顺序是（　　）。

A. c, a, b

B. c, b, a

C. a, b, c

D. b, a, c

15. 设简单无向图 G 有 16 条边且每个顶点的度数都是 2，则图 G 有（　　）个顶点。

A. 10

B. 12

C. 8

D. 16

16. 有 7 个一模一样的苹果，放到 3 个一样的盘子中，一共有（　　）种放法。

A. 7

B. 8

C. 21

D. 3^7

17. 下图表示一个果园灌溉系统，有 A、B、C、D 四个阀门，每个阀门可以打开或关上，所有管道粗细相同，以下设置阀门的方法中，可以让果树浇上水的是（　　）。

A. B 打开，其他都关上

B. AB 都打开，CD 都关上

C. A 打开，其他都关上

D. D 打开，其他都关上

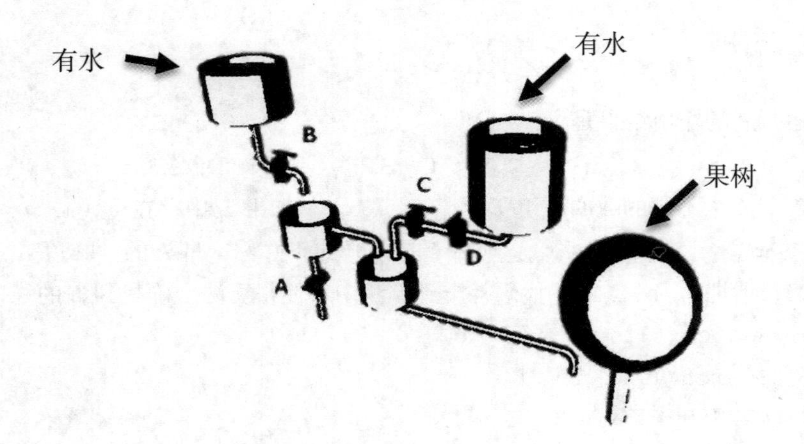

18. Lucia 和她的朋友以及朋友的朋友都在某社交网站上注册了账号。下页图是他们之间的关系图，两个人之间有边相连代表这两个人是朋友，没有边相连代表不是朋友。这个社交网站的规则是：如果某人 A 向他（她）的朋友 B 分享了某张照片，那么 B 就可以对该照片进行评论；如果 B 评论了该照片，那么他（她）的所有朋友都可以看见这个评论以及被评论的照片，但是不能对该照片进行评论（除非 A 也向这些人分享了该照片）。现在

Lucia 已经上传了一张照片，但是她不想让 Jacob 看见这张照片，那么她可以向（　　）分享该照片。

A．Dana、Michael、Eve

B．Dana、Eve、Monica

C．Michael、Eve、Jacob

D．Micheal、Peter、Monica

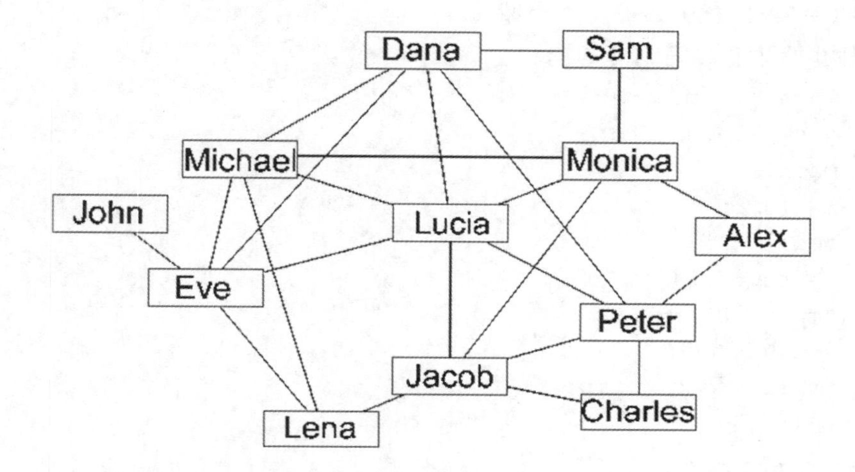

19. 周末，小明和爸爸妈妈三个人一起动手做三道菜。小明负责洗菜、爸爸负责切菜、妈妈负责炒菜。假设做每道菜的顺序都是：先洗菜 10 分钟，然后切菜 10 分钟，最后炒菜 10 分钟。那么做一道菜需要 30 分钟。注意：两道不同的菜的相同步骤不可以同时进行。例如第一道菜和第二道的菜不能同时洗，也不能同时切。那么做完三道菜的最短时间需要（　　）分钟。

A．90

B．60

C．50

D．40

20. 参加 NOI 比赛，以下不能带入考场的是（　　）。

A．钢笔

B．适量的衣服

C．U 盘

D．铅笔

21. 从一个 4×4 的棋盘（不可旋转）中选取不在同一行也不在同一列上的两个方格，共有（　　）种方法。

A．76

B．88

C．64

D．72

22. 约定二叉树的根节点高度为 1。一棵节点数为 2016 的二叉树最少有（　　）个叶子节点；一棵节点数为 2016 的二叉树最小的高度值是（　　）。

A. 1,13

B. 1,11

C. 1008,13

D. 1008,11

二、阅读程序（共 4 题，每题 8 分，共计 32 分）

（一）阅读以下程序，完成相关题目。

```
#include <iostream>
using namespace std;
int main() {
int max, min, sum, count = 0;
int tmp;
cin >> tmp;
if (tmp == 0)
        return 0;
max = min = sum = tmp;
count++;
while (tmp != 0) {
        cin >> tmp;
        if (tmp != 0) {
                sum += tmp;
                count++;
                if (tmp > max) max = tmp;
                if (tmp < min) min = tmp;
        }
}
cout << max << "," << min << "," << sum / count << endl;
return 0;
}
```

23. 当程序的输入为“1 2 3 4 5 6 0 7”时，对应的输出是（　　）。

A. 6,1,3

B. 6,1,4

C. 1,6,3

D. 1,6,4

（二）阅读以下程序，完成相关题目。

```
#include <iostream>
using namespace std;
int main() {
    int i = 100, x = 0, y = 0;
    while (i > 0) {
```

```
            i--;
            x = i % 8;
            if (x == 1) y++;
        }
        cout << y << endl;
        return 0;
    }
```

24. 程序输出的结果为（　　）。

A. 11

B. 12

C. 13

D. 14

（三）阅读以下程序，完成相关题目。

```
#include <iostream>
using namespace std;
int main() {
    int a[6] = {1, 2, 3, 4, 5, 6};
    int pi = 0;
    int pj = 5;
    int t , i;
    while (pi < pj) {
            t = a[pi];
            a[pi] = a[pj];
            a[pj] = t;
            pi++;
            pj--;
    }
    for (i = 0; i < 6; i++) cout << a[i] << ",";
    cout << endl;
    return 0;
}
```

25. 程序输出的结果为（　　）。

A. 1,2,3,4,5,6

B. 6,5,4,3,2,1

C. 1,3,2,6,4,5

D. 1,5,3,4,2,6

（四）阅读以下程序，完成相关题目。

```
#include <iostream>
using namespace std;
int main() {
    int i, length1, length2;
    string s1, s2;
```

```
    s1 = "I have a dream.";
    s2 = "I Have A Dream.";
    length1 = s1.size();
    length2 = s2.size();
    for (i = 0; i < length1; i++)
        if (s1[i] >= 'a' && s1[i] <= 'z')
              s1[i] -= 'a' - 'A';
    for (i = 0; i < length2; i++)
        if (s2[i] >= 'a' && s2[i] <= 'z')
              s2[i] -= 'a' - 'A';
    if (s1 == s2)
        cout << "=" << endl;
    else if (s1 > s2)
        cout << ">" << endl;
    else
        cout << "<" << endl;
    return 0;
    }
```

26. 程序输出的结果为（　　）。

A. <

B. >

C. =

D. 以上都不对

三、完善程序（共 2 题，每题 14 分，共计 28 分）

（一）（读入整数）请完善下面的程序，使得程序能够读入两个 int 范围内的整数，并将这两个整数分别输出，每行一个。（第一小题和第五小题 2.5 分，其余每小题 3 分）

输入的整数之间和前后只会出现空格或者回车，输入数据要保证合法。

例如：

输入：

123　-789

输出：

123　-789

```
#include <iostream>
using namespace std;
int readint() {
    int num = 0;// 存储读取到的整数
    int negative = 0;// 负数标识
    char c; // 存储当前读取到的字符
    c = cin.get();
    while ((c < '0' || c > '9') && c != '-') c = ___①___;
    if (c == '-')
```

```
            negative = 1;
        else
            ___②___;
        c = cin.get();
        while (___③___) {
            ___④___;
            c = cin.get();
        }
        if (negative == 1)
            ___⑤___;
        return num;
        }
    int main() {
        int a, b;
        a = readint();
        b = readint();
        cout << a << endl << b << endl;
        return 0;
    }
```

27. ①处应填（　　）。

A. 0xff

B. '0'

C. 0

D. cin.get()

28. ②处应填（　　）。

A. negative=0

B. negative=1

C. continue

D. num=c-'0'

29. ③处应填（　　）。

A. c!=EOF

B. c!=0

C. c<='9' && c>='0'

D. cin.get()<='9' && cin.get()>='0'

30. ④处应填（　　）。

A. num+=c

B. num=num*10+c

C. num+=c-48

D. num=num*10+c-48

31. ⑤处应填（　　）。

A. `return-num`

B. `return-1`

C. `num=0`

D. `num-=1`

（二）（郊游活动）有 n 名同学参加学校组织的郊游活动，已知学校给这 n 名同学的郊游总经费为 A 元，与此同时第 i 位同学自己携带了 M_i 元。为了方便郊游，活动地点提供 B（$B \geqslant n$）辆自行车供人租用，租用第 j 辆自行车的价格为 C_j 元，每位同学可以使用自己携带的钱或者学校的郊游经费，为了方便账务管理，每位同学只能为自己租用自行车，且不会借钱给他人，最多有多少位同学能够租用到自行车？（第四小题和第五小题 2.5 分，其余每小题 3 分）

本题采用二分法。对于区间 [l, r]，我们取中间点 mid 并判断租用到自行车的人数能否达到 mid。判断的过程是利用贪心算法实现的。试补全程序。

```
#include <iostream>
using namespace std;
#define MAXN 1000000
int n, B, A, M[MAXN], C[MAXN], l, r, ans, mid;
bool check(int nn) {
    int count = 0, i, j;
    i = ___①___;
    j = 1;
    while (i <= n) {
        if (___②___)
            count += C[j] - M[i];
        i++;
        j++;
    }
    return ___③___;
}
void sort(int a[], int l, int r) {
    int i = l, j = r, x = a[(l + r) / 2], y;
    while (i <= j) {
        while (a[i] < x) i++;
        while (a[j] > x) j--;
        if (i <= j) {
            y = a[i];
            a[i] = a[j];
            a[j] = y;
            i++;
            j--;
        }
    }
```

```
        if (i < r) sort(a, i, r);
        if (l < j) sort(a, l, j);
    }
    int main() {
        int i;
        cin >> n >> B >> A;
        for (i = 1; i <= n; i++) cin >> M[i];
        for (i = 1; i <= B; i++) cin >> C[i];
        sort(M, 1, n);
        sort(C, 1, B);
        l = 0;
        r = n;
        while (l <= r) {
            mid = (l + r) / 2;
            if (___④___) {
                ans = mid;
                l = mid + 1;
            } else
                r =___⑤___;
        }
        cout << ans << endl;
        return 0;
    }
```

32. ①处应填（　　）。

A. 1

B. nn

C. n-nn+1

D. n-nn

33. ②处应填（　　）。

A. M[i]<C[j]

B. M[i]!=0

C. M[i]>C[j]

D. M[i]!=C[j]

34. ③处应填（　　）。

A. count

B. A-count

C. A>=count

D. j

35. ④处应填（　　）。

A. check(mid)

B. `!check(mid)`

C. `mid`

D. `mid<A`

36. ⑤处应填（　　）。

A. `mid+1`

B. `mid-1`

C. `l+mid`

D. `r-mid`

2017 全国青少年信息学奥林匹克联赛初赛（普及组）
（已根据新题型改编）

普及组 C++ 语言试题

注意事项：

- 本试卷满分 100 分，时间 120 分钟。完成测试后，学生可在配套的“佐助题库”里提交自己的答案进行测评，查看分数和排名。
- 测评方式：登录“佐助题库”，点击“初赛测评”，输入 ID“1073”，密码为 123456。
- 没有“佐助题库”账号的读者，请根据本书“关于初赛检测系统”的介绍，免费注册账号。

一、选择题（共 22 题，第 1~20 题，每题 1.5 分，第 21 题和第 22 题，每题 5 分，共计 40 分；每题有且仅有一个正确选项）

1. 在 8 位二进制补码中，10101011 表示的数是十进制下的（　　）。

A．43　　B．−85

C．−43　　D．−84

2. 计算机存储数据的基本单位是（　　）。

A．bit　　B．Byte

C．GB　　D．KB

3. 下列协议中与电子邮件无关的是（　　）。

A．POP3　　B．SMTP

C．WTO　　D．IMAP

4. 分辨率为 800 像素 ×600 像素、16 位色的位图，存储图像信息所需的空间为（　　）。

A．937.5KB　　B．4218.75KB

C．4320KB　　D．2880KB

5. 计算机应用最早的领域是（　　）。

A．数值计算　　B．人工智能

C．机器人　　D．过程控制

6. 下列不属于面向对象程序设计语言的是（　　）。

A．C　　B．C++

C．Java　　D．C#

7. NOI 的中文意思是（　　）。

A．中国信息学联赛

B．全国青少年信息学奥林匹克竞赛

C．中国青少年信息学奥林匹克竞赛

D．中国计算机协会

8. 2017 年 10 月 1 日是星期日，1999 年 10 月 1 日是（　　）。

A．星期三　　B．星期日

C．星期五　　D．星期二

9. 甲、乙、丙三位同学选修课程，从 4 门课程中，甲选修 2 门，乙、丙各选修 3 门，则不同的选修方案共有（　　）种。

A．36　　B．48

C．96　　D．192

10. 设 G 是有 n 个节点、m 条边（$n \leqslant m$）的连通图，必须删去 G 的（　　）条边，才能使 G 变成一棵树。

A．$m-n+1$　　B．$m-n$

C．$m+n+1$　　D．$n-m+1$

11. 对于给定的序列 $\{a_k\}$，我们把 (i, j) 称为逆序对（当且仅当 $i<j$ 且 $a_i>a_j$）。那么序列 1, 7, 2, 3, 5, 4 的逆序对数为（　　）个。

A．4　　B．5

C．6　　D．7

12. 表达式 a * (b + c) * d 的后缀形式是（　　）。

A．a b c d * + *

B．a b c + * d *

C．a * b c + * d

D．b + c * a * d

13. 向一个栈顶指针为 hs 的链式栈中插入一个指针 s 指向的节点时，应执行（　　）。

A．hs->next = s;

B．s->next = hs; hs = s;

C．s->next = hs->next; hs->next =s;

D．s->next = hs; hs = hs->next;

14. 若串 S = " copyright "，其子串的个数是（　　）。

A．72　　B．45

C．46　　D．36

15. 十进制小数 13.375 对应的二进制数是（　　）。

A．1101.011　　B．1011.011

C．1101.101　　D．1010.01

16. 对于入栈顺序为 a, b, c, d, e, f, g 的序列，（　　）不可能是合法的出栈序列。

A．a, b, c, d, e, f, g

B．a, d, c, b, e, g, f

C．a, d, b, c, g, f, e

D. g, f, e, d, c, b, a

17. 设 A 和 B 是两个长为 n 的有序数组，现在需要将 A 和 B 合并成一个排好序的数组，任何以元素比较作为基本运算的归并算法在最坏情况下至少要做（　　）次比较。

A. n^2　　B. $n\log n$

C. $2n$　　D. $2n-1$

18. 从（　　）年开始，NOIP 竞赛将不再支持 Pascal 语言。

A. 2020　　B. 2021

C. 2022　　D. 2023

19. 一家四口人，至少两个人生日属于同一月份的概率是（　　）。（假定每个人生日属于每个月份的概率相同且不同人之间相互独立）

A. 1/12　　B. 1/144

C. 41/96　　D. 3/4

20. 以下和计算机领域密切相关的奖项是（　　）。

A. 奥斯卡奖　　B. 图灵奖

C. 诺贝尔奖　　D. 普利策奖

21. （5 分）一个人站在坐标（0, 0）处，面朝 x 轴正方向。第一轮，他向前走 1 单位距离，然后右转；第二轮，他向前走 2 单位距离，然后右转；第三轮，他向前走 3 单位距离，然后右转……他一直这么走下去。请问第 2017 轮后，他的坐标是（_____ , _____）。

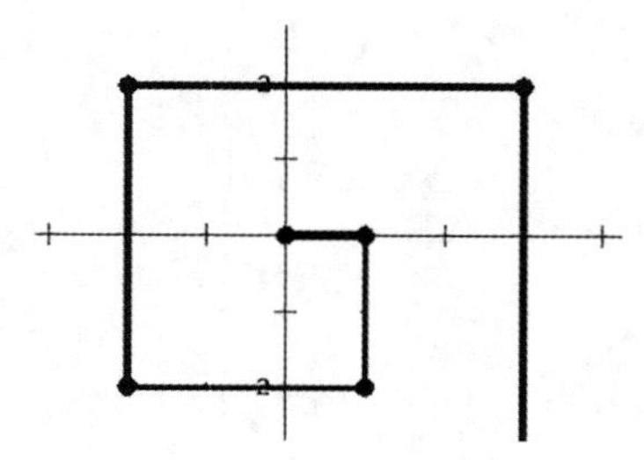

A. 1008 1009　　B. 1009 1010

C. 1008 1007　　D. 1009 1008

22. （5 分）如右图所示，共有 13 个格子。对任何一个格子进行一次操作，会使它自己以及上下左右与它相邻的格子中的数字改变（由 1 变 0，或由 0 变 1）。现在要使所有格子中的数字都变为 0，至少需要的操作次数为（　　）。

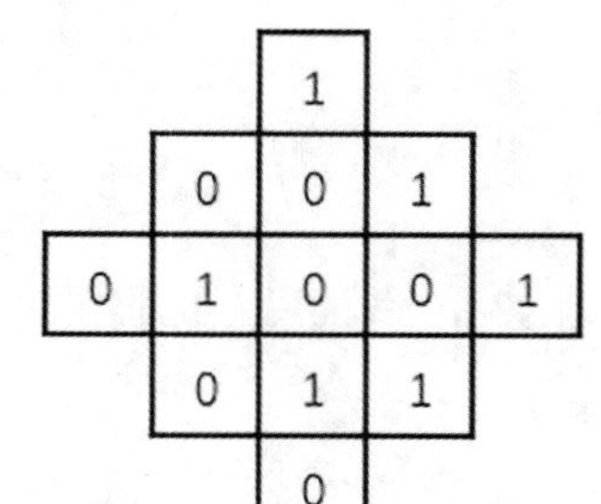

A. 2　　B. 3

C. 4　　D. 5

二、阅读程序（共 4 题，每题 8 分，共计 32 分）

（一）阅读以下程序，完成相关题目。

```
#include <iostream>
using namespace std;
int main() {
    int t[256];
    string s; int
    i;
    cin >> s;
    for (i = 0; i < 256; i++)
        t[i] = 0;
```

```
    for (i = 0; i < s.length(); i++)
        t[s[i]]++;
    for (i = 0; i < s.length(); i++) if
        (t[s[i]] == 1) {
            cout << s[i] << endl; return 0;
        }
    cout << "no" << endl; return
    0;
}
```

23. 阅读以上代码，输入 xyzxyw，输出（　　）。

A. x　　B. y

C. z　　D. no

(二) 阅读以下代码，完成相关题目。

```
#include <iostream>
using namespace std;
int g(int m, int n, int x) { int
    ans = 0;
    int i;
    if (n == 1)
        return 1;
    for (i = x; i <= m / n; i++)
        ans += g(m - i, n - 1, i);
    return ans;
}
int main() {
    int t, m, n;
    cin >> m >> n;
    cout << g(m, n, 0) << endl; return 0;
}
```

24. 阅读以上代码，输入 7 3，输出（　　）。

A. 6　　B. 7

C. 8　　D. 9

(三) 阅读以下代码，完成相关题目。

```
#include <iostream>
using namespace std;
int main() {
    string ch;
    int a[200];
    int b[200];
    int n, i, t, res;
    cin >> ch;
    n = ch.length();
    for (i = 0; i < 200; i++)
```

```
        b[i]= 0;
    for (i = 1; i <= n; i++) {
        a[i] = ch[i - 1] - '0';
        b[i] = b[i - 1] + a[i];
    }
    res = b[n];

    t = 0;
    for (i = n; i > 0; i--) { if
        (a[i] == 0)
            t++;
          if (b[i - 1] + t < res)
             res = b[i - 1] + t;
    }
    cout << res << endl; return
    0;
}
```

25. 阅读以上代码，输入 10011010110011011010111110001，输出（　　）。

A. 10　　B. 11

C. 12　　D. 13

（四）阅读以下程序，完成相关题目。

```
#include <iostream>
using namespace std;
int main() {
    int n, m;
    cin >> n >> m;
    int x = 1;
    int y = 1;
    int dx = 1;
    int dy = 1;
    int cnt = 0;
    while (cnt != 2)
          { cnt = 0;
          x = x + dx;
          y = y + dy;
          if (x == 1 || x == n) {
             ++cnt;
             dx = -dx;
          }
          if (y == 1 || y == m) {
             ++cnt;
             dy = -dy;
          }
    }
```

```
    cout << x << " " << y << endl; return
    0;
}
```

26. （3 分）阅读以上代码，输入 4 3，输出（　　）。

A．4 3　　B．4 1

C．1 3　　D．1

27. （5 分）阅读以上代码，输入 2017 1014，输出（　　）。

A．2017 1014　　B．2017 1

C．1 1014　　D．1 1

三、完善程序（共 2 题，每题 14 分，共计 28 分）

（一）（快速幂）请完善下面的程序，该程序使用分治法求 $x^p \bmod m$ 的值。（第一小题 2 分，其余每小题 3 分）

输入：3 个不超过 10000 的正整数 x, p, m。

输出：$x^p \bmod m$ 的值。

提示：若 p 为偶数，$x^p=(x^2)^{p/2}$；若 p 为奇数，$x^p=x^*(x^2)^{(p-1)/2}$。

```
#include <iostream>
using namespace std;
int x, p, m, i, result;
int main() {
    cin >> x >> p >> m;
    result = ___①___;
    while (___②___) {
          if (p % 2 == 1)
              result = ___③___; p /= 2;
          x = ___④___;
    }
    cout << ___⑤___ << endl;
    return 0;
}
```

28. ①处应填（　　）。

A．x　　B．p

C．1　　D．0

29. ②处应填（　　）。

A．!p　　B．p

C．!x　　D．x

30. ③处应填（　　）。

A．result*x%m

B．result*x

C．result*result%m

D．result*result

31. ④处应填（　　）。

A. x*x　　　　　　B. x*result

C. x*x%m　　　　　D. X*result%m

32. ⑤处应填（　　）。

A. x　　　　　　B. p

C. m　　　　　　D. result

（二）（切割绳子）有 n 条绳子，每条绳子的长度已知且均为正整数。绳子可以以任意正整数长度切割，但不可以连接。现在要从这些绳子中切割出 m 条长度相同的绳段，求绳段的最大长度。（第一小题和第二小题每题 2.5 分，其余每小题 3 分）

输入：第一行是一个不超过 100 的正整数 n，第二行是 n 个不超过 10^6 的正整数，表示每条绳子的长度，第三行是一个不超过 108 的正整数 m。

输出：绳段的最大长度，若无法切割，输出 Failed。

试补全程序。

```
#include <iostream>
using namespace std;
int n, m, i, lbound, ubound, mid, count; int
len[100];   // 绳子长度
int main() {
    cin >> n;
    count = 0;
    for (i = 0; i < n; i++)
        { cin >> len[i];
        ___①___;
    }
    cin >> m;
    if (___②___) {
        cout << "Failed" << endl; return
        0;
    }
    lbound = 1;
    ubound = 1000000;
    while (___③___)
    {
        mid =___④___; count = 0;
        for (i = 0; i < n; i++)
            ___⑤___;
        if (count < m) ubound
            = mid - 1;
        else
            lbound = mid;
    }
    cout << lbound << endl;
```

```
    return 0;
}
```

33. ①处应填（　　）。

A. count++

B. count+=len[n]

C. count+=len[i]

D. count+=i

34. ②处应填（　　）。

A. count>m

B. count==m

C. count<m

D. count!=m

35. ③处应填（　　）。

A. lbound<=ubound

B. lbound<ubound

C. Lb(ound>=ubound

D. lbound>ubound

36. ④处应填（　　）。

A. (lbound+rbound+1)>>1

B. (lbound+rbound)>>1

C. lbound+rbound+1

D. (lbound+rbound>>1)+1

37. ⑤处应填（　　）。

A. count=len[i]/mid

B. count+=len[i]

C. count+=len[i]/mid

D. count=len[i]

2018 全国青少年信息学奥林匹克联赛初赛（普及组）
（已根据新题型改编）

普及组 C++ 语言试题

注意事项：

- 本试卷满分 100 分，时间 120 分钟。完成测试后，学生可在配套的“佐助题库”里提交自己的答案进行测评，查看分数和排名。
- 测评方式：登录“佐助题库”，点击“初赛测评”，输入 ID“1074”，密码为 123456。
- 没有“佐助题库”账号的读者，请根据本书“关于初赛检测系统”的介绍，免费注册账号。

一、选择题（共 17 题，前 15 题，每题 2 分，第 16 题和第 17 题，每题 5 分，共计 40 分；每题有且仅有一个正确选项）

1. 以下属于输出设备的是（　　）。

A. 扫描仪

B. 键盘

C. 鼠标

D. 打印机

2. 下列 4 个不同进制的数中，与其他 3 项数值不相等的是（　　）。

A. $(269)_{16}$

B. $(617)_{10}$

C. $(1151)_{8}$

D. $(1001101011)_{2}$

3. 1MB 等于（　　）。

A. 1000 字节

B. 1024 字节

C. 1000×1000 字节

D. 1024×1024 字节

4. 广域网的英文缩写是（　　）。

A. LAN

B. WAN

C. MAN

D. LNA

5. 中国计算机学会于（　　）年创办全国青少年计算机程序设计竞赛。

A. 1983

B. 1984

C. 1985

D. 1986

6. 如果开始时计算机处于小写输入状态，现在有一只小老鼠反复按照 Caps Lock、字母键 A、字母键 S、字母键 D、字母键 F 的顺序循环按键，即 Caps Lock、A、S、D、F、Caps Lock、A、S、D、F……，屏幕上输出的第 81 个字符是字母（　　）。

A. A　　B. S　　C. D　　D. a

7. 根节点深度为 0，一棵深度为 h 的满 k（k>1）叉树，即除最后一层无任何子节点外，其余每一层上的所有节点都有 k 个子节点的树，共有（　　）个节点。

A. $(k^{h+1}-1)/(k-1)$

B. k^h-1

C. k^h

D. $(k^{h-1})/(k-1)$

8. 在以下排序算法中，不需要进行关键字比较操作的算法是（　　）。

A. 基数排序

B. 冒泡排序

C. 堆排序

D. 直接插入排序

9. 给定一个含 N 个不相同数字的数组，在最坏情况下，找出其中最大或最小的数，至少需要 $N-1$ 次比较操作。最坏情况下，在该数组中同时找最大与最小的数至少需要（　　）次比较操作。（$\lceil\rceil$ 表示向上取整，$\lfloor\rfloor$ 表示向下取整）

A. $\lceil 3N/2\rceil-2$

B. $\lfloor 3N/2\rfloor-2$

C. $2N-2$

D. $2N-4$

10. 下面的故事与（　　）算法有着异曲同工之妙。

从前有座山，山里有座庙，庙里有个老和尚在给小和尚讲故事："从前有座山，山里有座庙，庙里有个老和尚在给小和尚讲故事：'从前有座山，山里有座庙，庙里有个老和尚给小和尚讲故事……'。"

A. 枚举

B. 递归

C. 贪心

D. 分治

11. 由 4 个没有区别的点构成的简单无向连通图的个数是（　　）。

A. 6

B. 7

C．8

D．9

12. 设含有 10 个元素的集合的全部子集数为 S，其中由 7 个元素组成的子集数为 T，则 T / S 的值为（　　）。

A．5 / 32

B．15 / 128

C．1 / 8

D．21 / 128

13. 10000 以内，与 10000 互质的正整数有（　　）个。

A．2000

B．4000

C．6000

D．8000

14. 为了统计一个非负整数的二进制形式中 1 的个数，代码如下：

```
int CountBit(int x)
{
        int ret = 0;
        while (x)
        {
                ret++;
                __________;
        }
        return ret;
}
```

则空格内要填入的语句是（　　）。

A．`x >>= 1`

B．`x &= x - 1`

C．`x |= x >> 1`

D．`x <<= 1`

15. 下图所使用的数据结构是（　　）。

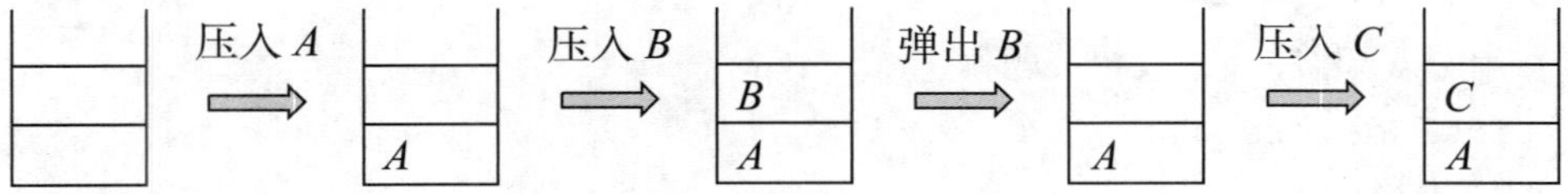

压入 A → 压入 B → 弹出 B → 压入 C

初始	压入 A 后	压入 B 后	弹出 B 后	压入 C 后
		B		C
	A	A	A	A

A．哈希表

B．栈

C．队列

D．二叉树

16. （5分）甲乙丙丁四人在考虑周末要不要外出郊游。

已知：①如果周末下雨，并且乙不去，则甲一定不去；②如果乙去，则丁一定去；③如果丙去，则丁一定不去；④如果丁不去，而且甲不去，则丙一定不去。

根据如上叙述，请选择：

如果周末丙去了，则甲（1），乙（2），丁（3），周末（4）。

A. 没去；去了；去了；下雨

B. 没去；没去；去了；下雨

C. 去了；去了；没去；没下雨

D. 去了；没去；没去；没下雨

17. （5分）从1到2018这2018个数中，共有____个包含数字8的数。包含数字8的数是指有某一位是“8”的数，例如“2018”与“188”。

A. 562 B. 543 C. 602 D. 544

二、阅读程序（共4题，每题8分，共计32分）

（一）阅读以下程序，完成相关题目。

```
#include <cstdio>
char  st[100];
int main() {
    scanf("%s", st);
    for (int i = 0; st[i]; ++i) {
        if ('A' <= st[i] && st[i] <= 'Z')
            st[i] += 1;
    }
    printf("%s\n", st);
    return 0;
}
```

18. 输入：QuanGuoLianSai

输出：________________

A. QuanGuoLianSai

B. RuanGuoLianSai

C. RuanHuoMianTai

D. QuanHuoMianTai

（二）阅读以下程序，完成相关题目。

```
#include <cstdio>
int main() {
    int x; scanf("%d",
    &x); int res = 0;
    for (int i = 0; i < x; ++i) { if
        (i * i % x == 1) {
         ++res;
        }
    }
```

```
    printf("%d", res);
    return 0;
}
```

19. 输入：15

输出：__________________

A. 4　　B. 6　　C. 8　　D. 9

（三）阅读以下程序，完成相关题目。

```
#include <iostream>
using namespace std;
int n, m;
int findans(int n, int m) {
    if (n == 0) return m;
    if (m == 0) return n % 3;
    return findans(n - 1, m) - findans(n, m - 1) + findans(n - 1, m - 1);
}
int main() {
    cin >> n >> m;
    cout << findans(n, m) << endl;
    return 0;
}
```

20. 输入：5 6

输出：__________________

A. 5　　B. 8　　C. 2　　D. 11

（四）阅读以下程序，完成相关题目。

```
#include <cstdio>
int n, d[100];
bool v[100];
int main() {
    scanf("%d", &n);
    for (int i = 0; i < n; ++i) {
        scanf("%d", d + i);
        v[i] = false;
    }
    int cnt = 0;
    for (int i = 0; i < n; ++i) {
        if (!v[i]) {
            for (int j = i; !v[j]; j = d[j]) {
                v[j] = true;
            }
            ++cnt;
        }
    }
    printf("%d\n", cnt);
```

```
        return 0;
    }
```

21. 输入：10 7 1 4 3 2 5 9 8 0 6

输出：__________________

A. 10　　B. 2　　C. 4　　D. 6

三、完善程序（共 2 题，每题 14 分，共计 28 分）

（一）（最大公约数之和）下列程序想要求解整数 n 的所有约数两两之间最大公约数的和对 10007 求余后的值，试补全程序。（第一小题 2 分，其余每小题 3 分）

举例来说，4 的所有约数是 1,2,4。1 和 2 的最大公约数为 1；2 和 4 的最大公约数为 2；1 和 4 的最大公约数为 1。于是答案为 $1+2+1=4$。

要求 getDivisor 函数的复杂度为 $O(\sqrt{n})$，gcd 函数的复杂度为 $O(\log \max(a,b))$。

```
#include <iostream>
using namespace std;
const int N = 110000, P = 10007;
int n;
int a[N], len;
int ans;
void getDivisor() {
    len = 0;
    for (int i = 1; ___①___ <= n; ++i)
        if (n % i == 0) {
            a[++len] = i;
            if (___②___ != i) a[++len] = n / i;
        }
}
int gcd(int a, int b) {
    if (b == 0) {
        ___③___;
    }
    return gcd(b, ___④___);
}
int main() {
    cin >> n;
    getDivisor();
    ans = 0;
    for (int i = 1; i <= len; ++i) {
        for (int j = i + 1; j <= len; ++j) {
            ans = (___⑤___) % P;
        }
    }
    cout << ans << endl;
    return 0;
}
```

22. ①处应填（　　）。

A. `i`

B. `i*i`

C. `i+1`

D. `i-1`

23. ②处应填（　　）。

A. `n+i`

B. `n-i`

C. `n*i`

D. `n/i`

24. ③处应填（　　）。

A. `return b/a`

B. `return gcd(a, b)`

C. `return b`

D. `return a`

25. ④处应填（　　）。

A. `a%b`

B. `a-b`

C. `b%a`

D. `b-a`

26. ⑤处应填（　　）。

A. `ans + gcd(i, j)`

B. `gcd(i, j)`

C. `ans + gcd(a[i], a[j])`

D. `gcd(a[i], a[j])`

（二）对于一个 1 到 n 的排列 P（即 1 到 n 中每一个数在 P 中出现了恰好一次），令 q_i 为第 i 个位置之后第一个比 P_i 值更大的位置，如果不存在这样的位置，则 $q_i = n + 1$。

举例来说，如果 $n = 5$ 且 P 为 1 5 4 2 3，则 q 为 2 6 6 5 6。

下列程序读入了排列 P，使用双向链表求解了答案。试补全程序。（第二小题 2 分，其余每小题 3 分）

请注意，数据范围为 $1 \leqslant n \leqslant 10^5$。

```
#include <iostream>
using namespace std;
const int N = 100010;
int n;
int L[N], R[N], a[N];
int main() {
      cin >> n;
      for (int i = 1; i <= n; ++i) {
```

```
        int x;
        cin >> x;
        ___①___;
    }
    for (int i = 1; i <= n; ++i) {
        R[i] =___②___;
        L[i] = i - 1;
    }
    for (int i = 1; i <= n; ++i) {
        L[___③___] = L[a[i]];
        R[L[a[i]]] = R[___④___];
    }
    for (int i = 1; i <= n; ++i) {
        cout <<___⑤___<< " ";
    }
    cout << endl;
    return 0;
}
```

27. ①处应填（　　）。

A. a[x] = I　　B. a[i] = x

C. L[i] = x　　D. R[i] = x

28. ②处应填（　　）。

A. a[i]+1　　B. a[i]

C. i+1　　D. a[i+1]

29. ③处应填（　　）。

A. L[i]　　B. L[a[i]]

C. R[i]　　D. R[a[i]]

30. ④处应填（　　）。

A. i　　B. a[i]

C. L[a[i]]　　D. R[a[i]]

31. ⑤处应填（　　）。

A. R[i]　　B. L[i]

C. R[a[i]]　　D. L[a[i]]

2019 CCF 非专业级别软件能力认证第一轮（CSP-J1）

入门级 C++ 语言试题

注意事项：

- 本试卷满分 100 分，时间 120 分钟。完成测试后，学生可在配套的“佐助题库”里提交自己的答案进行测评，查看分数和排名。
- 测评方式：登录“佐助题库”，点击“初赛测评”，输入 ID“1075”，密码为 123456。
- 没有“佐助题库”账号的读者，请根据本书“关于初赛检测系统”的介绍，免费注册账号。

一、选择题（共 15 题，每题 2 分，共计 30 分；每题有且仅有一个正确选项）

1. 中国的国家顶级域名是（　　）。

A. .cn　　B. .ch　　C. .chn　　D. .china

2. 二进制数 11 1011 1001 0111 和 01 0110 1110 1011 进行逻辑与运算的结果是（　　）。

A. 01 0010 1000 1011　　B. 01 0010 1001 0011

C. 01 0010 1000 0001　　D. 01 0010 1000 0011

3. 一个 32 位整型变量占用（　　）字节。

A. 32　　B. 128　　C. 4　　D. 8

4. 若有如下程序段，其中 s、a、b、c 均已定义为整型变量，且 a、c 均已赋值（c 大于 0）。

```
s = a;
for  (b = 1; b <= c; b++)  s = s - 1;
```

则与上述程序段功能等价的赋值语句是（　　）。

A. `s = a - c;`　　B. `s = a - b;`

C. `s = s - c;`　　D. `s = b;`

5. 设有 100 个已排好序的数据元素，采用折半查找时，最大比较次数为（　　）。

A. 7　　B. 10　　C. 6　　D. 8

6. 链表不具有的特点是（　　）。

A. 插入删除不需要移动元素　　B. 不必事先估计存储空间

C. 所需空间与线性表长度成正比　　D. 可随机访问任一元素

7. 把 8 个同样的球放在 5 个同样的袋子里，允许有的袋子空着不放，共有（　　）种不同的分法。（提示：如果 8 个球都放在一个袋子里，无论是哪个袋子，都只算同一种分法。）

A. 22　　B. 24　　C. 18　　D. 20

8. 一棵二叉树如右图所示，若采用顺序存储结构，即用一维数组元素存储该二叉树中的节点（根节点的下标为 1，若某节点的下标为 i，则其左孩子位于下标 $2i$ 处、右孩子位于下标 $2i+1$ 处），则该数组的最大下标至少为（　　）。

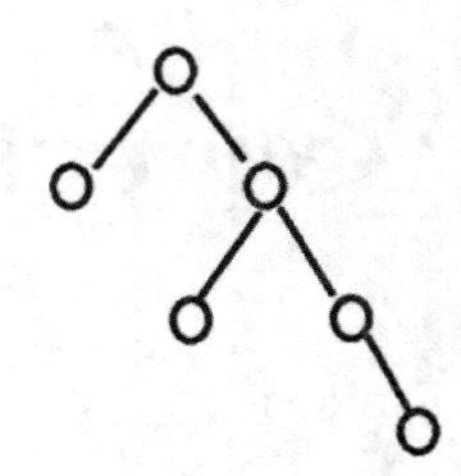

A．6　　B．10　　C．15　　D．12

9. 100 以内最大的素数是（　　）。

A．89　　B．97　　C．91　　D．93

10. 319 和 377 的最大公约数是（　　）。

A．27　　B．33　　C．29　　D．31

11. 新学期开学了，小胖想减肥，健身教练给小胖制订了两个训练方案。

方案一：每次连续跑 3 公里可以消耗 300 千卡（耗时半小时）；

方案二：每次连续跑 5 公里可以消耗 600 千卡（耗时 1 小时）。

小胖每周周一到周四能抽出半小时跑步，周五到周日能抽出一小时跑步。

另外，教练建议小胖每周最多跑 21 公里，否则会损伤膝盖。

如果小胖想严格执行教练的训练方案，并且不想损伤膝盖，每周最多通过跑步消耗（　　）千卡。

A．3000　　B．2500　　C．2400　　D．2520

12. 一副纸牌除掉大小王有 52 张牌、4 种花色，每种花色 13 张。假设从这 52 张牌中随机抽取 13 张纸牌，则至少（　　）张牌的花色一致。

A．4　　B．2　　C．3　　D．5

13. 一些数字可以颠倒过来看，例如 0、1、8 颠倒过来还是本身，6 颠倒过来是 9，9 颠倒过来是 6，其他数字颠倒过来都不构成数字。类似地，一些多位数也可以颠倒过来看，比如 106 颠倒过来是 901。假设某个城市的车牌只由 5 位数字组成，每一位都可以取 0 到 9。这个城市最多有（　　）个车牌倒过来恰好还是原来的车牌。

A．60　　B．125　　C．75　　D．100

14. 假设一棵二叉树的后序遍历序列为 DGJHEBIFCA，中序遍历序列为 DBGEHJACIF，则其前序遍历序列为（　　）。

A．ABCDEFGHIJ　　B．ABDEGHJCFI

C．ABDEGJHCFI　　D．ABDEGHJFIC

15. （　　）是计算机科学领域的最高奖。

A．图灵奖　　B．鲁班奖　　C．诺贝尔奖　　D．普利策奖

二、阅读程序（程序输入不超过数组或字符串定义的范围；判断题正确填√，错误填 ×；除特殊说明外，判断题每题 1.5 分，选择题每题 3 分，共计 40 分）

（一）阅读以下程序，完成相关题目。

```
01  #include <cstdio>
02  #include <cstring>
03  using namespace std;
04  char st[100];
```

```
05  int main() {
06    scanf("%s", st);
07    int n = strlen(st);
08    for (int i = 1; i <= n; ++i) {
09      if (n % i == 0) {
10        char c = st[i - 1];
11        if (c >= 'a')
12          st[i - 1] = c - 'a' + 'A';
13      }
14    }
15    printf("%s", st);
16    return 0;
17  }
```

- **判断题**

16. 输入的字符串只能由小写字母或大写字母组成。（ ）

17. 若将第 8 行的 `i = 1` 改为 `i = 0`，程序运行时会发生错误。（ ）

18. 若将第 8 行的 `i <= n` 改为 `i * i <= n`，程序运行结果不会改变。（ ）

19. 若输入的字符串全部由大写字母组成，那么输出的字符串就跟输入的字符串一样。（ ）

- **选择题**

20. 若输入的字符串长度为 18，那么输入的字符串跟输出的字符串相比，至多有（ ）个字符不同。

A. 18　　B. 6　　C. 10　　D. 1

21. 若输入的字符串长度为（ ），那么输入的字符串跟输出的字符串相比，至多有 36 个字符不同。

A. 36　　B. 100000　　C. 1　　D. 128

（二）阅读以下程序，完成相关题目。

```
01  #include<cstdio>
02  using namespace std;
03  int n, m;
04  int a[100], b[100];
05
06  int main() {
07    scanf("%d%d", &n, &m);
08    for (int i = 1; i <= n; ++i)
09      a[i] = b[i] = 0;
10    for (int i = 1; i <= m; ++i) {
11      int x, y;
12      scanf("%d%d", &x, &y);
13      if (a[x] < y && b[y] < x) {
14        if (a[x] > 0)
15          b[a[x]] = 0;
```

```
16            if (b[y] > 0)
17              a[b[y]] = 0;
18            a[x] = y;
19            b[y] = x;
20          }
21        }
22        int ans = 0;
23      for (int i = 1; i <= n; ++i) {
24          if (a[i] == 0)
25            ++ans;
26          if (b[i] == 0)
27            ++ans;
28      }
29      printf("%d", ans);
30      return 0;
31    }
```

假设输入的 n 和 m 都是正整数，x 和 y 都是在 [1, n] 范围内的整数，完成下面的判断题和单选题。

- **判断题**

22. 当 m>0 时，输出的值一定小于 2n。(　　)

23. 执行完第 27 行的 ++ans 时，ans 一定是偶数。(　　)

24. a[i] 和 b[i] 不可能同时大于 0。(　　)

25. 若程序执行到第 13 行时，x 总是小于 y，那么第 15 行不会被执行。(　　)

- **选择题**

26. 若 m 个 x 两两不同，且 m 个 y 两两不同，则输出的值为(　　)。

A. 2n-2m　　B. 2n+2　　C. 2n-2　　D. 2n

27. 若 m 个 x 两两不同，且 m 个 y 都相等，则输出的值为(　　)。

A. 2n-2　　B. 2n　　C. 2m　　D. 2n-2m

(三) 阅读以下程序，完成相关题目。

```
01    #include <iostream>
02    using namespace std;
03    const int maxn = 10000;
04    int n;
05    int a[maxn];
06    int b[maxn];
07    int f(int l, int r, int depth) {
08      if (l > r)
09        return 0;
10      int min = maxn, mink;
11      for (int i = l; i <= r; ++i) {
12        if (min > a[i]) {
13          min = a[i];
```

```
14            mink = i;
15          }
16        }
17        int lres = f(l, mink - 1, depth + 1);
18        int rres = f(mink + 1, r, depth + 1);
19        return lres + rres + depth * b[mink];
20      }
21      int main() {
22        cin >> n;
23        for (int i = 0; i < n; ++i)
24          cin >> a[i];
25        for (int i = 0; i < n; ++i)
26          cin >> b[i];
27       cout << f(0, n - 1, 1) << endl;
28        return 0;
29      }
```

- **判断题**

28. 如果 a 数组有重复的数字，则程序运行时会发生错误。（　　）

29. 如果 b 数组全为 0，则输出为 0。（　　）

- **选择题**

30. 当 n=100 时，最坏情况下，与第 12 行的比较运算执行的次数最接近的是（　　）。

A．5000　　B．600　　C．6　　D．100

31. 当 n=100 时，最好情况下，与第 12 行的比较运算执行的次数最接近的是（　　）。

A．100　　B．6　　C．5000　　D．600

32. 当 n=10 时，若 b 数组满足，对任意 0 < = i <n，都有 b[i] = i + 1，那么输出最大为（　　）。

A．386　　B．383　　C．384　　D．385

33. （4 分）当 n=100 时，若 b 数组满足，对任意 0 <= i <n，都有 b[i]=1，那么输出最小为（　　）。

A．582　　B．580　　C．579　　D．581

三、完善程序（单选题，每小题 3 分，共计 30 分）

（一）（矩阵变幻）有一个奇幻的矩阵，在不停的变幻，其变幻方式为：

数字 0 变成矩阵

$$\begin{bmatrix} 0 & 0 \\ 0 & 1 \end{bmatrix}$$

数字 1 变成矩阵

$$\begin{bmatrix} 1 & 1 \\ 1 & 0 \end{bmatrix}$$

最初该矩阵只有一个元素 0，变幻 n 次后，矩阵会变成什么样？

例如，矩阵最初为 [0]；

矩阵变幻 1 次后如下：

$$\begin{bmatrix} 0 & 0 \\ 0 & 1 \end{bmatrix}$$

矩阵变幻 2 次后如下：

$$\begin{bmatrix} 0 & 0 & 0 & 0 \\ 0 & 1 & 0 & 1 \\ 0 & 0 & 1 & 1 \\ 0 & 1 & 1 & 0 \end{bmatrix}$$

输入一个不超过 10 的正整数 n。输出变幻 n 次后的矩阵。

提示：“<<”表示二进制左移运算符（例如 $(11)_2 << 2=(1100)_2$；），而 “^”表示二进制异或运算符，它将两个参与运算的数中的每个对应的二进制位一一进行比较，若两个二进制位相同，则运算结果的对应二进制位为 0，反之为 1。

试补全程序。

```
01  #include <cstdio>
02  using namespace std;
03  int n;
04  const int max_size = 1 << 10;
05
06  int res[max_size][max_size];
07
08  void recursive(int x, int y, int n, int t) {
09      if (n == 0) {
10          res[x][y] = ___①___;
11          return;
12      }
13      int step = 1 << (n - 1);
14      recursive(___②___, n - 1, t);
15      recursive(x, y + step, n - 1, t);
16      recursive(x + step, y, n - 1, t);
17      recursive(___③___, n - 1, !t);
18  }
19
20  int main() {
21      scanf("%d", &n);
22      recursive(0, 0, ___④___);
23      int size = ___⑤___;
24      for (int i = 0; i < size; i++) {
25          for (int j = 0; j < size; j++)
26              printf("%d", res[i][j]);
27          puts("");
28      }
```

```
29        return 0;
30    }
```

34. ①处应填（　　）。

A. n % 2　　B. 0

C. t　　D. 1

35. ②处应填（　　）。

A. x - step, y - step　　B. x, y - step

C. x - step, y　　D. x, y

36. ③处应填（　　）。

A. x - step, y - step　　B. x + step, y + step

C. x - step, y　　D. x, y - step

37. ④处应填（　　）。

A. n - 1, n % 2　　B. n, 0

C. n, n % 2　　D. n - 1, 0

38. ⑤处应填（　　）。

A. 1 << (n + 1)　　B. 1 << n

C. n + 1　　D. 1 << (n - 1)

（二）（计数排序）计数排序是一个广泛使用的排序方法。下面的程序使用双关键字计数排序，将 n 对 10000 以内的整数从小到大排序。

例如，有 3 对整数 (3,4)、(2,4)、(3,3)，那么排序之后应该是 (2,4)、(3,3)、(3,4) 。

第一行输入为 n，对于接下来的 n 行，第 i 行有两个数 a[i] 和 b[i]，分别表示第 i 对整数的第一关键字和第二关键字。从小到大排序后输出。

数据范围为 $1 < n < 10^7$，$1 <$ a[i],b[i] $< 10^4$。

提示：应先对第二关键字排序，再对第一关键字排序。数组 ord[] 存储第二关键字排序的结果，数组 res[ ] 存储双关键字排序的结果。

试补全程序。

```
01  #include <cstdio>
02  #include <cstring>
03  using namespace std;
04  const int maxn = 10000000;
05  const int maxs = 10000;
06
07  int n;
08  unsigned a[maxn], b[maxn],res[maxn], ord[maxn];
09  unsigned cnt[maxs + 1];
10
11  int main() {
12      scanf("%d", &n);
13      for (int i = 0; i < n; ++i)
14          scanf("%d%d", &a[i], &b[i]);
```

```
15      memset(cnt, 0, sizeof(cnt));
16      for (int i = 0; i < n; ++i)
17          ___①___; // 利用 cnt 数组统计数量
18      for (int i = 0; i < maxs; ++i)
19          cnt[i + 1] += cnt[i];
20      for (int i = 0; i < n; ++i)
21          ___②___; // 记录初步排序结果
22      memset(cnt, 0, sizeof(cnt));
23      for (int i = 0; i < n; ++i)
24          ___③___; // 利用 cnt 数组统计数量
25      for (int i = 0; i < maxs; ++i)
26          cnt[i + 1] += cnt[i];
27      for (int i = n - 1; i >= 0; --i)
28          ___④___; // 记录最终排序结果
29      for (int i = 0; i < n; i++)
30          printf("%d %d", ___⑤___);
31      return 0;
32  }
```

39. ①处应填（　　）。

A. `++cnt[i]`　　B. `++cnt[b[i]]`

C. `++cnt[a[i] * maxs+b[i]]`　　D. `++cnt[a[i]]`

40. ②处应填（　　）。

A. `ord[--cnt[a[i]]]=I`　　B. `ord[--cnt[b[i]]]=a[i]`

C. `ord[--cnt[a[i]]]=b[i]`　　D. `ord[--cnt[b[i]]]=i`

41. ③处应填（　　）。

A. `++cnt[b[i]]`　　B. `++cnt[a[i] * maxs + b[i]]`

C. `++cnt[a[i]]`　　D. `++cnt[i]`

42. ④处应填（　　）。

A. `res[--cnt[a[ord[i]]]]=ord[i]`

B. `res[--cnt[b[ord[i]]]]=ord[i]`

C. `res[--cnt[b[i]]]=ord[i]`

D. `res[--cnt[a[i]]]=ord[i]`

43. ⑤处应填（　　）。

A. `a[i], b[i]`

B. `a[res[i]], b[res[i]]`

C. `a[ord[res[i]]],b[ord[res[i]]]`

D. `a[res[ord[i]]],b[res[ord[i]]]`

2020 CCF 非专业级别软件能力认证第一轮（CSP-J1）

入门级 C++ 语言试题

注意事项：

- 本试卷满分 100 分，时间 120 分钟。完成测试后，学生可在配套的“佐助题库”里提交自己的答案进行测评，查看分数和排名。
- 测评方式：登录“佐助题库”，点击“初赛测评”，输入 ID“1076”，密码为 123456。
- 没有“佐助题库”账号的读者，请根据本书“关于初赛检测系统”的介绍，免费注册账号。

一、选择题（共 15 题，每题 2 分，共计 30 分；每题有且仅有一个正确选项）

1. 在内存储器中每个存储单元都被赋予一个唯一的序号，称为（　　）。

A. 地址　　B. 序号　　C. 下标　　D. 编号

2. 编译器的主要功能是（　　）。

A. 将源程序翻译成机器指令代码　　B. 将源程序重新组合

C. 将低级语言翻译成高级语言　　D. 将一种高级语言翻译成另一种高级语言

3. 设 x=true，y=true，z=false，以下逻辑运算表达式值为真的是（　　）。

A. $(y \lor z) \land x \land z$　　B. $x \land (z \lor y) \land z$

C. $(x \land y) \land z$　　D. $(x \land y) \lor (z \lor x)$

4. 现有一张分辨率为 2048 像素 ×1024 像素的 32 位真彩色图像。要存储这张图像，需要（　　）存储空间。

A. 16MB　　B. 4MB　　C. 8MB　　D. 2MB

5. 冒泡排序算法的伪代码如下：

输入：数组 L, 元素个数为 n（$n \geqslant 1$）。

输出：按非递减顺序排序的 L。

算法 BubbleSort：

```
1. FLAG ← n // 标记被交换的最后元素位置
2. while FLAG > 1 do
3.     k ← FLAG -1
4.     FLAG ← 1
5.     for j=1 to k do
6.         if L(j) > L(j+1) then do
7.             L(j)  ↔ L(j+1)
8.             FLAG ← j
```

对 n 个数用以上冒泡排序算法进行排序，最少需要比较（　　）次。

A. n^2　　B. $n-2$　　C. $n-1$　　D. n

6. 设 $\boldsymbol{A}$ 是 n 个实数的数组，考虑下面的递归算法：

```
XYZ (A[1..n])
1.  if n=1 then return A[1]
2.  else temp ← XYZ (A[1..n-1])
3.  if temp < A[n]
4.  then return temp
5.  else return A[n]
```

算法 XYZ 的输出是（　　）。

A. $\boldsymbol{A}$ 数组的平均　　B. $\boldsymbol{A}$ 数组的最小值

C. $\boldsymbol{A}$ 数组的中值　　D. $\boldsymbol{A}$ 数组的最大值

7. 链表不具有的特点是（　　）。

A. 可随机访问任一元素　　B. 不必事先估计存储空间

C. 插入删除不需要移动元素　　D. 所需空间与线性表长度成正比

8. 有 10 个顶点的无向图至少应该有（　　）条边才能确保是一个连通图。

A. 9　　B. 10　　C. 11　　D. 12

9. 二进制数 1011 转换成十进制数是（　　）。

A. 11　　B. 10　　C. 13　　D. 12

10. 5 个小朋友并排站成一列，其中有两个小朋友是双胞胎，如果要求这两个双胞胎必须相邻，则有（　　）种不同排列方法。

A. 48　　B. 36　　C. 24　　D. 72

11. 下图中所使用的数据结构是（　　）。

A. 栈　　B. 队列　　C. 二叉树　　D. 哈希表

12. 独根树的高度为 1。具有 61 个节点的完全二叉树的高度为（　　）。

A. 7　　B. 8　　C. 5　　D. 6

13. 干支纪年法是中国传统的纪年方法，由 10 个天干和 12 个地支组合成 60 个天干地支。由公历年份可以根据以下公式和表格换算出对应的天干地支。

天干 =（公历年份）除以 10 所得余数

地支 =（公历年份）除以 12 所得余数

天干	甲	乙	丙	丁	戊	己	庚	辛	壬	癸		
	4	5	6	7	8	9	0	1	2	3		
地支	子	丑	寅	卯	辰	巳	午	未	申	酉	戌	亥
	4	5	6	7	8	9	10	11	0	1	2	3

请问 1949 年的天干地支是（　　）。

A. 己酉　　B. 己亥　　C. 己丑　　D. 己卯

14. 10 个三好学生名额分配到 7 个班级，每个班级至少有一个名额，一共有（　　）种不同的分配方案。

A. 84　　B. 72　　C. 56　　D. 504

15. 有 5 副不同颜色的手套（共 10 只手套，每副手套左右手各 1 只），一次性从中取 6 只手套，请问恰好能配成两副手套的不同取法有（　　）种。

A. 120　　B. 180　　C. 150　　D. 30

二、阅读程序（程序输入不超过数组或字符串定义的范围；判断题正确填√，错误填 ×。除特殊说明外，判断题每题 1.5 分，选择题每题 3 分，共计 40 分）

（一）阅读以下程序，完成相关题目。

```
01 #include <cstdlib>
02 #include <iostream>
03 using namespace std;
04
05 char encoder[26] = {'C','S','P',0};
06 char decoder[26];
07
08 string st;
09
10 int main()  {
11 int k = 0;
12 for (int i = 0; i < 26; ++i)
13     if (encoder[i] != 0) ++k;
14 for (char x ='A'; x <= 'Z'; ++x) {
15 bool flag = true;
16 for (int i = 0; i < 26; ++i)
17     if (encoder[i] ==x) {
18     flag = false;
19     break;
20    }
21     if (flag) {
22       encoder[k]= x;
23       ++k;
24     }
25  }
26  for (int i = 0; i < 26; ++i)
27     decoder[encoder[i]- 'A'] = i + 'A';
28  cin >> st;
29  for (int i = 0; i < st.length( ); ++i)
30    st[i] = decoder[st[i] -'A'];
31  cout << st;
```

```
32  return 0;
33  }
```

- **判断题**

16. 输入的字符串应当只由大写字母组成，否则在访问数组时可能越界。（　　）

17. 若输入的字符串不是空串，则输入的字符串与输出的字符串一定不一样。（　　）

18. 将第 12 行的 `i < 26` 改为 `i < 16`，程序运行结果不会改变。（　　）

19. 将第 26 行的 `i < 26` 改为 `i < 16`，程序运行结果不会改变。（　　）

- **选择题**

20. 若输出的字符串为 ABCABCABCA，则下列说法正确的是（　　）。

A．输入的字符串中既有 S 又有 P

B．输入的字符串中既有 S 又有 B

C．输入的字符串中既有 A 又有 P

D．输入的字符串中既有 A 又有 B

21. 若输出的字符串为 CSPCSPCSPCSP，则下列说法正确的是（　　）。

A．输入的字符串中既有 P 又有 K

B．输入的字符串中既有 J 又有 R

C．输入的字符串中既有 J 又有 K

D．输入的字符串中既有 P 又有 R

（二）阅读以下程序，完成相关题目。

```
#include <iostream>
using namespace std;
long long n, ans;
int k, len;
long long d[1000000];
int main() {
  cin >> n >> k;
  d[0] = 0;
  len= 1;
  ans = 0;
  for (long long i = 0; i <n; ++i) {
    ++d[0];
    for (int j = 0; j + 1<len; ++j) {
      if (d[j] == k) {
        d[j] = 0;
        d[j + 1] += 1;
        ++ans;
      }
    }
    if (d[len- 1] == k) {
      d[len - 1] = 0;
      d[len] =1;
```

```
        ++len;
        ++ans;
      }
    }
    cout << ans << endl;
    return 0;
  }
```

假设输入的 n 是不超过 2^{62} 的正整数，k 都是不超过 10000 的正整数，完成下面的判断题和选择题。

- **判断题**

22. 若 k = 1，则输出 ans 时，len 等于 n。（　　）

23. 若 k > 1，则输出 ans 时，len 一定小于 n。（　　）

24. 若 k > 1，则输出 ans 时，k^{len} 一定小于 n。（　　）

- **选择题**

25. 若输入的 n 等于 10^{15}，输入的 k 为 1，则输出等于（　　）。

A. 1　　B. $(10^{30}-10^{15})/2$　　C. $(10^{30}+10^{15})/2$　　D. 10^{15}

26. 若输入的 n 等于 205,891,132,094,649（即 3^{30}），输入的 k 为 3，则输出等于（　　）。

A. 3^{30}　　B. $(3^{30}-1)/2$　　C. $3^{30}-1$　　D. $(3^{30}+1)/2$

27. 若输入的 n 等于 100,010,002,000,090，输入的 k 为 10，则输出等于（　　）。

A. 11,112,222,444,543　　B. 11,122,222,444,453

C. 11,122,222,444,543　　D. 11,112,222,444,453

（三）阅读以下程序，完成相关题目。

```
#include <algorithm>
#include <iostream>
using namespace std;
int n;
int d[50][2];
int ans;
void dfs(int n, int sum) {
  if (n == 1) {
    ans = max(sum, ans);
    return;
  }
  for (int i = 1; i < n; ++i) {
    int a = d[i - 1][0], b = d[i - 1][1];
    int x = d[i][0], y = d[i][1];
    d[i - 1][0] = a + x;
    d[i - 1][1] = b + y;
    for (int j = i; j < n - 1; ++j)
      d[j][0] = d[j + 1][0], d[j][1] = d[j + 1][1];
    int s = a + x + abs(b - y);
    dfs(n - 1, sum + s);
```

```
      for (int j = n - 1; j > i; --j)
        d[j][0] = d[j - 1][0], d[j][1] = d[j - 1][1];
      d[i - 1][0] = a, d[i - 1][1] = b;
      d[i][0] = x, d[i][1] = y;
    }
  }

int main() {
  cin >> n;
  for (int i = 0; i < n; ++i)
  cin >> d[i][0];
  for (int i = 0; i < n;++i)
     cin >> d[i][1];
  ans = 0;
  dfs(n, 0);
  cout << ans << endl;
  return 0;
}
```

假设输入的 n 是不超过 50 的正整数，d[i][0]、d[i][1] 都是不超过 10000 的正整数，完成下面的判断题和选择题。

- **判断题**

28. 若输入 n 为 0，此程序可能会死循环或发生运行错误。（　　）

29. 若输入 n 为 20，接下来的输入全为 0，则输出为 0。（　　）

30. 输出的数一定不小于输入的 d[i][0] 和 d[i][1] 中的任意一个。（　　）

- **选择题**

31. 若输入的 n 为 20，接下来的输入是 20 个 9 和 20 个 0，则输出为（　　）。

A．1890　　B．1881　　C．1908　　D．1917

32. 若输入的 n 为 30，接下来的输入是 30 个 0 和 30 个 5，则输出为（　　）。

A．2000　　B．2010　　C．2030　　D．2020

33. （4 分）若输入的 n 为 15，接下来的输入是 15 到 1，以及 15 到 1，则输出为（　　）。

A．1692　　B．1693　　C．1694　　D．1695

三、完善程序（单选题，每小题 3 分，共计 30 分）

（一）（质因数分解）给出正整数 n，请输出将 n 质因数分解的结果，结果从小到大输出。

例如：输入 n=120，程序应该输出 2 2 2 3 5，表示 $120=2\times2\times2\times3\times5$。输入保证 $2\leqslant n\leqslant 10^9$。

提示：先从小到大枚举变量 i，然后用 i 不停地试除 n 来寻找所有的质因子。

试补全程序。

```
#include <cstdio>
using namespace std;
int n, i;
int main() {
```

```
  scanf("%d", &n);
  for(i = ___①___; ___②___ <=n; i ++){
    ___③___{
      printf("%d ", i);
      n = n / i;
    }
  }
  if(___④___)
    printf("%d ", ___⑤___);
  return 0;
}
```

34. ①处应填（　　）。

A. 1　　B. n-1　　C. 2　　D. 0

35. ②处应填（　　）。

A. n/i　　B. n/(i*i)　　C. i*i　　D. i*i*i

36. ③处应填（　　）。

A. if(n%i==0)　　B. if(i*i<=n)　　C. while(n%i==0)　　D. while(i*i<=n)

37. ④处应填（　　）。

A. n>1　　B. n<=1　　C. i<n/i　　D. i+i<=n

38. ⑤处应填（　　）。

A. 2　　B. n/i　　C. n　　D. i

（二）（最小区间覆盖）给出 n 个区间，第 i 个区间的左右端点是 $[a_i,b_i]$。现在要在这些区间中选出若干个，使得区间 $[0,m]$ 被这些所选区间的并覆盖（即每一个 $0 \leqslant i \leqslant m$ 都在某个所选的区间中）。保证答案存在，求所选区间个数的最小值。

输入第一行包含两个整数 n 和 m（$1 \leqslant n \leqslant 5000$，$1 \leqslant m \leqslant 10^9$）。接下来 n 行，每行两个整数 a_i，b_i（$0 \leqslant a_i$，$b_i \leqslant m$）。

提示：使用贪心法解决这个问题。先用 $O(n^2)$ 的时间复杂度排序，然后贪心选择这些区间。

试补全程序。

```
#include <iostream>
using namespace std;
   const int MAXN = 5000;
   int n, m;
   struct segment { int a, b; } A[MAXN];
   void sort() // 排序
   {
     for (int i = 0; i < n; i++)
     for (int j = 1; j < n; j++)
     if (___①___)
         {
           segment t = A[j];
```

```
      ____②____
    }
}
int main()
{
  cin >> n >> m;
  for (int i = 0; i < n; i++)
    cin >> A[i].a >> A[i]·b;
  sort();
  int p = 1;
  for (int i = 1; i < n; i++)
    if (____③____)
      A[p++] = A[i];
  n = p;
  int ans =0, r = 0;
  int q = 0;
  while (r < m)
  {
    while (____④____)
      q++;
    ____⑤____;
    ans++;
  }
  cout << ans << endl;
  return 0;
}
```

39. ①处应填（　　）。

A. `A[j].b>A[j-1].b`　　B. `A[j].a<A[j-1].a`

C. `A[j].a>A[j-1].a`　　D. `A[j].b<A[j-1].b`

40. ②处应填（　　）。

A. `A[j+1]=A[j];A[j]=t;`　　B. `A[j-1]=A[j];A[j]=t;`

C. `A[j]=A[j+1];A[j+1]=t;`　　D. `A[j]=A[j-1];A[j-1]=t;`

41. ③处应填（　　）。

A. `A[i].b>A[p-1].b`　　B. `A[i].b<A[i-1].b`

C. `A[i].b>A[i-1].b`　　D. `A[i].b<A[p-1].b`

42. ④处应填（　　）。

A. `q+1<n&&A[q+1].a<=r`　　B. `q+1<n&&A[q+1].b<=r`

C. `q<n&&A[q].a<=r`　　D. `q<n&&A[q].b<=r`

43. ⑤处应填（　　）。

A. `r=max(r,A[q+1].b)`　　B. `r=max(r,A[q].b)`

C. `r=max(r,A[q+1].a)`　　D. `q++`

2021 CCF 非专业级别软件能力认证第一轮（CSP-J1）

入门级 C++ 语言试题

注意事项：

- 本试卷满分 100 分，时间 120 分钟。完成测试后，学生可在配套的“佐助题库”里提交自己的答案进行测评，查看分数和排名。
- 测评方式：登录“佐助题库”，点击“初赛测评”，输入 ID“1077”，密码为 123456。
- 没有“佐助题库”账号的读者，请根据本书“关于初赛检测系统”的介绍，免费注册账号。

一、选择题（共 15 题，每题 2 分，共计 30 分；每题有且仅有一个正确选项）

1. 以下不属于面向对象程序设计语言的是（　　）。

A. C++

B. Python

C. Java

D. C

2. 以下奖项与计算机领域最相关的是（　　）。

A. 奥斯卡奖

B. 图灵奖

C. 诺贝尔奖

D. 普利策奖

3. 目前主流的计算机存储数据最终都是转换成（　　）数据进行存储。

A. 二进制

B. 十进制

C. 八进制

D. 十六进制

4. 以比较作为基本运算，在 N 个数中找出最大数，最坏情况下所需要的最少的比较次数为（　　）。

A. N^2

B. N

C. $N-1$

D. $N+1$

5. 对于入栈顺序为 a, b, c, d, e 的序列，（　　）不是合法的出栈序列。

A．a, b, c, d, e

B．e, d, c, b, a

C．b, a, c, d, e

D．c, d, a, e, b

6. 对于有 n 个顶点、m 条边的无向连通图（$m>n$），需要删掉（　　）条边才能使其成为一棵树。

A．$n-1$

B．$m-n$

C．$m-n-1$

D．$m-n+1$

7. 二进制数 101.11 对应的十进制数是（　　）。

A．6.5

B．5.5

C．5.75

D．5.25

8. 如果一棵二叉树只有根节点，那么这棵二叉树高度为 1。高度为 5 的完全二叉树有（　　）种不同的形态。

A．16

B．15

C．17

D．32

9. 表达式 a*(b+c)*d 的后缀表达式为（　　），其中“*”和“+”是运算符。

A．**a+bcd

B．abc+*d*

C．abc+d**

D．*a*+bcd

10. 有 6 个人，每两个人组一队，总共组成 3 队，不区分队伍的编号。不同的组队情况有（　　）种。

A．10

B．15

C．30

D．20

11. 在数据压缩编码中的哈夫曼编码方法，在本质上是一种（　　）策略。

A．枚举

B．贪心

C．递归

D．动态规划

12. 由 1、1、2、2、3 这 5 个数字组成不同的 3 位数有（　　）种。

A. 18

B. 15

C. 12

D. 24

13. 考虑如下递归算法：

```
solve(n)
  if n<=1 return 1
  else if n>=5 return n*solve(n-2)
  else return n*solve(n-1)
```

则调用 solve(7) 得到的返回结果是（　　）。

A. 105

B. 840

C. 210

D. 420

14. 以 a 为起点，对右边的无向图进行深度优先遍历，则 b、c、d、e 这 4 个节点中有可能作为最后一个遍历到的节点的个数为（　　）。

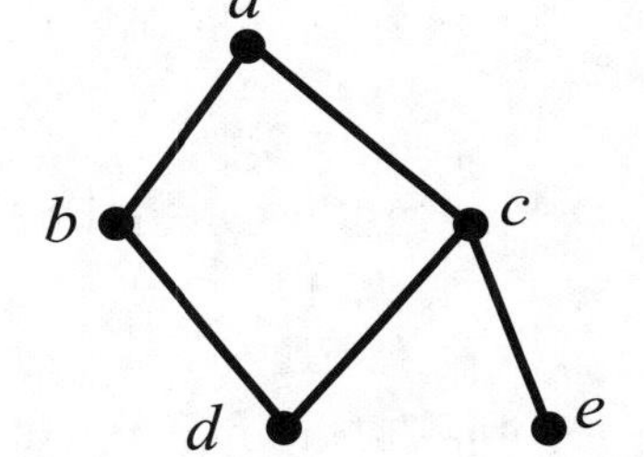

A. 1

B. 2

C. 3

D. 4

15. 有 4 个人要从 A 点坐一条船过河到 B 点，船一开始在 A 点。该船一次最多可坐两个人。已知这 4 个人中每个人独自坐船的过河时间分别为 1、2、4、8，且两个人坐船的过河时间为两人独自过河时间的较大者，则最短（　　）时间可以让 4 个人都过河到达 B 点（包括从 B 点把船开回 A 点的时间）。

A. 14

B. 15

C. 16

D. 17

二、阅读程序（程序输入不超过数组或字符串定义的范围；判断题正确填√，错误填 ×；除特殊说明外，判断题每题 1.5 分，选择题每题 3 分，共计 40 分）

（一）阅读以下程序，完成相关题目。

```
01 #include <iostream>
02 using namespace std;
03
04 int n;
05 int a[1000];
06
```

```
07 int f(int x)
08 {
09      int ret = 0;
10      for (; x; x &= x - 1) ret++;
11      return ret;
12 }
13
14 int g(int x)
15 {
16      return x & -x;
17 }
18
19 int main()
20 {
21      cin >> n;
22      for (int i = 0; i < n; i++) cin >> a[i];
23      for (int i = 0; i < n; i++)
24          cout << f(a[i]) + g(a[i]) << ' ';
25    cout << endl;
26    return 0;
27 }
```

- **判断题**

16. 输入的 n 等于 1001 时，程序不会发生下标越界。（　　）

17. 输入的 a[i] 必须全为正整数，否则程序将陷入死循环。（　　）

18. 当输入为“5 2 11 9 16 10”时，输出为“3 4 3 17 5”。（　　）

19. 当输入为“1 511998”时，输出为“18”。（　　）

20. 将源代码中 g 函数的定义（第 14 ~ 17 行）移到 main 函数的后面，程序可以正常编译运行。（　　）

- **选择题**

21. 当输入为“2 -65536 2147483647”时，输出为（　　）。

A.　“65532 33”

B.　“65552 32”

C.　“65535 34”

D.　“65554 33”

（二）阅读以下程序，完成相关题目。

```
01 #include <iostream>
02 #include <string>
03 using namespace std;
04
05 char base[64];
06 char table[256];
07
```

```
08 void init()
09 {
10       for (int i = 0; i < 26; i++) base[i] = 'A' + i;
11       for (int i = 0; i < 26; i++) base[26 + i] = 'a' + i;
12       for (int i = 0; i < 10; i++) base[52 + i] = '0' + i;
13       base[62] = '+', base[63] = '/';
14
15       for (int i = 0; i < 256; i++) table[i] = 0xff;
16       for (int i = 0; i < 64; i++) table[base[i]] = i;
17       table['='] = 0;
18 }
19
20 string decode(string str)
21 {
22       string ret;
23       int i;
24       for (i = 0; i < str.size(); i += 4) {
25              ret += table[str[i]] << 2 | table[str[i + 1]] >> 4;
26              if (str[i + 2] != '=')
27                     ret += (table[str[i + 1]] & 0x0f) << 4 | table
   [str[i + 2]] >> 2;
28              if (str[i + 3] != '=')
29                     ret += table[str[i + 2]] << 6 | table[str[i + 3]];
30      }
31       return ret;
32 }
33
34 int main()
35 {
36       init();
37       cout << int(table[0]) << endl;
38
39       string str;
40       cin >> str;
41       cout << decode(str) << endl;
42       return 0;
43 }
```

- **判断题**

22. 输出结果的第二行一定是由小写字母、大写字母、数字和“+”“/”“=”构成的字符串。（ ）

23. 可能存在输入不同，但输出结果的第二行相同的情形。（ ）

24. 输出的第一行为“-1”。（ ）

- **选择题**

25. 设输入字符串长度为 n，decode 函数的时间复杂度为（　　）。

A. $O(\sqrt{n})$

B. $O(n)$

C. $O(n\log n)$

D. $O(n^2)$

26. 当输入为“Y3Nx”时，输出的第二行为（　　）。

A. “csp”

B. “csq”

C. “CSP”

D. “Csp”

27. （3.5 分）当输入为“Y2NmIDIwMjE=”时，输出的第二行为（　　）。

A. “ccf2021”

B. “ccf2022”

C. “ccf 2021”

D. “ccf 2022”

（三）阅读以下程序，完成相关题目。

```
01 #include <iostream>
02 using namespace std;
03
04 const int n = 100000;
05 const int N = n + 1;
06
07 int m;
08 int a[N], b[N], c[N], d[N];
09 int f[N], g[N];
10
11 void init()
12 {
13     f[1] = g[1] = 1;
14     for (int i = 2; i <= n; i++) {
15             if (!a[i]) {
16                 b[m++] = i;
17                 c[i] = 1, f[i] = 2;
18                 d[i] = 1, g[i] = i + 1;
19             }
20         for (int j = 0; j < m && b[j] * i <= n; j++) {
21                 int k = b[j];
22                 a[i * k] = 1;
23                 if (i % k == 0) {
24                     c[i * k] = c[i] + 1;
```

```
25                          f[i * k] = f[i] / c[i * k] * (c[i * k] + 1);
26                          d[i * k] = d[i];
27                          g[i * k] = g[i] * k + d[i];
28                          break;
29              }
30                  else {
31                          c[i * k] = 1;
32                          f[i * k] = 2 * f[i];
33                          d[i * k] = g[i];
34                          g[i * k] = g[i] * (k + 1);
35                  }
36              }
37        }
38 }
39
40 int main()
41 {
42        init();
43
44        int x;
45        cin >> x;
46        cout << f[x] << ' '   << g[x] << endl;
47        return 0;
48 }
```

假设输入的 x 是不超过 1000 的自然数，完成下面的判断题和选择题。

- **判断题**

28. 若输入不为“1”，把第 13 行删去不会影响输出的结果。（　　）

29. （2 分）第 25 行的“f[i]/c[i * k]”可能存在无法整除而向下取整的情况。（　　）

30. （2 分）在执行完 init() 后，f 数组不是单调递增的，但 g 数组是单调递增的。（　　）

- **选择题**

31. init 函数的时间复杂度为（　　）。

A. $O(n)$

B. $O(n\log n)$

C. $O(n\sqrt{n})$

D. $O(n^2)$

32. 在执行完 init() 后，f[1]，f[2]，f[3] …f[100] 中有（　　）个等于 2。

A. 23

B. 24

C. 25

D. 26

33. （4 分）当输入为“1000”时，输出为（　　）。

A.　“15 1340”

B.　“15 2340”

C.　“16 2340”

D.　“16 1340”

三、完善程序（单选题，每小题 3 分，共计 30 分）

（一）（Josephus 问题）有 n 个人围成一个圈，依次标号 0 至 $n-1$。从 0 号开始，依次 0, 1, 0, 1, ⋯ 交替报数，报到 1 的人会离开，直至圈中只剩下一个人。求最后剩下人的编号。

试补全模拟程序。

```
01 #include <iostream>
02
03 using namespace std;
04
05 const int MAXN = 1000000;
06 int F[MAXN];
07
08 int main() {
09     int n;
10     cin >> n;
11       int i = 0, p = 0, c = 0;
12     while (___①___) {
13             if (F[i] == 0) {
14                 if (___②___) {
15                     F[i] = 1;
16                     ___③___;
17                 }
18                 ___④___;
19             }
20         ___⑤___;
21       }
22       int ans = -1;
23       for (i = 0; i < n; i++)
24           if (F[i] == 0)
25               ans = i;
26       cout << ans << endl;
27       return 0;
28 }
```

34. ①处应填（　　）。

A. `i < n`

B. `c < n`

C. `i < n - 1`

D. `c < n - 1`

35. ②处应填（　　）。

A. `i % 2 == 0`

B. `i % 2 == 1`

C. `p`

D. `!p`

36. ③处应填（　　）。

A. `i++`

B. `i = (i + 1) % n`

C. `c++`

D. `p ^= 1`

37. ④处应填（　　）。

A. `i++`

B. `i = (i + 1) % n`

C. `c++`

D. `p ^= 1`

38. ⑤处应填（　　）。

A. `i++`

B. `i = (i + 1) % n`

C. `c++`

D. `p ^= 1`

（二）（矩形计数）平面上有 n 个关键点，求有多少个矩形的 4 条边都和 x 轴或者 y 轴平行，满足 4 个顶点都是关键点。给出的关键点可能有重复，但完全重合的矩形只计一次。

试补全枚举算法。

```
01 #include <iostream>
02
03 using namespace std;
04
05 struct point {
06     int x, y, id;
07 };
08
09 bool equals(point a, point b) {
10     return A. x == B. x && A. y == B. y;
11 }
12
13 bool cmp(point a, point b) {
14     return ① ;
15 }
16
17 void sort(point A[], int n) {
```

```
18      for (int i = 0; i < n; i++)
19          for (int j = 1; j < n; j++)
20              if (cmp(A[j], A[j - 1])) {
21                  point t = A[j];
22                  A[j] = A[j - 1];
23                  A[j - 1] = t;
24              }
25 }
26
27 int unique(point A[], int n) {
28      int t = 0;
29      for (int i = 0; i < n; i++)
30          if (___②___)
31              A[t++] = A[i];
32      return t;
33 }
34
35 bool binary_search(point A[], int n, int x, int y) {
36     point p;
37     p.x = x;
38     p.y = y;
39     p.id = n;
40     int a = 0, b = n - 1;
41    while (a < b) {
42         int mid =___③___;
43         if (___④___)
44             a = mid + 1;
45         else
46             b = mid;
47    }
48    return equals(A[a], p);
49 }
50
51 const int MAXN = 1000;
52 point A[MAXN];
53
54 int main() {
55      int n;
56      cin >> n;
57      for (int i = 0; i < n; i++) {
58          cin >> A[i].x >> A[i].y;
59          A[i].id = i;
60      }
61      sort(A, n);
```

```
62      n = unique(A, n);
63      int ans = 0;
64      for (int i = 0; i < n; i++)
65          for (int j = 0; j < n; j++)
66              if ( ⑤ && binary_search(A, n, A[i].x, A[j].y) &&
                    binary_search(A, n, A[j].x, A[i].y)) {
67                  ans++;
68              }
69      cout << ans << endl;
70    return 0;
71 }
```

39. ①处应填（　　）。

A. `a.x != b.x ? a.x < b.x : a.id < b.id`

B. `a.x != b.x ? a.x < b.x : a.y < b.y`

C. `equals(a, b) ? a.id < b.id : a.x < b.x`

D. `equals(a, b) ? a.id < b.id : (a.x != b.x ? a.x < b.x : a.y < b.y)`

40. ②处应填（　　）。

A. `i == 0 || cmp(A[i], A[i - 1])`

B. `t == 0 || equals(A[i], A[t - 1])`

C. `i == 0 || !cmp(A[i], A[i - 1])`

D. `t == 0 || !equals(A[i], A[t - 1])`

41. ③处应填（　　）。

A. `b - (b - a) / 2 + 1`

B. `(a + b + 1) >> 1`

C. `(a + b) >> 1`

D. `a + (b - a + 1) / 2`

42. ④处应填（　　）。

A. `!cmp(A[mid], p)`

B. `cmp(A[mid], p)`

C. `cmp(p, A[mid])`

D. `!cmp(p, A[mid])`

43. ⑤处应填（　　）。

A. `A[i].x == A[j].x`

B. `A[i].id < A[j].id`

C. `A[i].x == A[j].x && A[i].id < A[j].id`

D. `A[i].x < A[j].x && A[i].y < A[j].y`

2022 CCF 非专业级别软件能力认证第一轮（CSP-J1）

入门级 C++ 语言试题

注意事项：

- 本试卷满分 100 分，时间 120 分钟。完成测试后，学生可在配套的“佐助题库”里提交自己的答案进行测评，查看分数和排名。
- 测评方式：登录“佐助题库”，点击“初赛测评”，输入 ID“1078”，密码为 123456。
- 没有“佐助题库”账号的读者，请根据本书“关于初赛检测系统”的介绍，免费注册账号。

一、选择题（共 15 题，每题 2 分，共计 30 分；每题有且仅有一个正确选项）

1. 以下功能中没有涉及 C++ 语言的面向对象特性支持的是（　　）。

A．在 C++ 中调用 printf 函数

B．在 C++ 中调用用户定义的类成员函数

C．在 C++ 中构造一个 class 或 struct

D．在 C++ 中构造来源于同一基类的多个派生类

2. 有 6 个元素，按照 6、5、4、3、2、1 的顺序进入栈 S，下列出栈序列是非法的是（　　）。

A. 5 4 3 6 1 2

B. 4 5 3 1 2 6

C. 3 4 6 5 2 1

D. 2 3 4 1 5 6

3. 运行以下代码片段的行为是（　　）。

```
int x = 101;
int y = 201;
int *p = &x;
int *q = &y;
p = q;
```

A．将 x 的值赋为 201

B．将 y 的值赋为 101

C．将 q 指向 x 的地址

D．将 p 指向 y 的地址

4. 链表和数组的区别包括（　　）。

A．数组不能排序，链表可以

B．链表比数组能存储更多的信息

C．数组大小固定，链表大小可动态调整

D．以上均正确

5. 假设栈 S 和队列 Q 的初始状态为空。存在 e1 ~ e6 六个互不相同的数据，每个数据按照进栈 S、出栈 S、进队列 Q、出队列 Q 的顺序操作，不同数据间的操作可能会交错。已知栈 S 中依次有数据 e1、e2、e3、e4、e5 和 e6 进栈，队列 Q 依次有数据 e2、e4、e3、e6、e5 和 e1 出队列。则栈 S 的容量至少是（　　）个数据。

A．2

B．3

C．4

D．6

6. 表达式 a+(b-c)*d 的前缀表达式为（　　），其中 +、-、* 是运算符。

A．*+a-bcd

B．+a*-bcd

C．abc-d*+

D．abc-+d

7. 假设字母表 {a, b, c, d, e} 在字符串出现的频率分别为 10%、15%、30%、16%、29%。若使用哈夫曼编码方式对字母进行不定长的二进制编码，字母 d 的编码长度为（　　）位。

A．1

B．2

C．2 或 3

D．3

8. 一棵有 n 个节点的完全二叉树用数组进行存储与表示，已知根节点存储在数组的第 1 个位置。若存储在数组第 9 个位置的节点存在兄弟节点和两个子节点，则它的兄弟节点和右子节点的位置分别是（　　）。

A．8、18

B．10、18

C．8、19

D．10、19

9. 考虑由 N 个顶点构成的有向连通图，采用邻接矩阵的数据结构表示时，该矩阵中至少存在（　　）个非零元素。

A．$N-1$

B．N

C．$N+1$

D．N^2

10. 以下对数据结构的表述不恰当的一项为（　　）。

A．图的深度优先遍历算法常使用的数据结构为栈

B．栈的访问原则为后进先出，队列的访问原则是先进先出

C．队列常常被用于广度优先搜索算法

D．栈与队列存在本质的不同，无法用栈实现队列

11. 以下操作能完成在双向循环链表节点 p 之后插入节点 s（其中，next 域为节点的直接后继，prev 域为节点的直接前驱）的是（　　）。

A．p->next->prev=s;　s->prev=p;　p->next=s;　s->next=p->next;

B．p->next->prev=s;　p->next=s;　s->prev=p;　s->next=p->next;

C．s->prev=p;　s->next=p->next;　p->next=s;　p->next->prev=s;

D．s->next=p->next;　p->next->prev=s;　s->prev=p;　p->next=s;

12. 以下排序算法的常见实现中，说法错误的是（　　）。

A．冒泡排序算法是稳定的

B．简单选择排序是稳定的

C．简单插入排序是稳定的

D．归并排序算法是稳定的

13. 八进制数 32.1 对应的十进制数是（　　）。

A．24.125

B．24.250

C．26.125

D．26.250

14. 一个字符串中任意个连续的字符组成的子序列称为该字符串的子串，则字符串 abcab 有（　　）个内容互不相同的子串。

A．12

B．13

C．14

D．15

15. 以下对递归方法的描述中，正确的是（　　）。

A．递归是允许使用多组参数调用函数的编程技术

B．递归是通过调用自身来求解问题的编程技术

C．递归是面向对象和数据而不是功能和逻辑的编程语言模型

D．递归是将某种高级语言转换为机器代码的编程技术

二、阅读程序（程序输入不超过数组或字符串定义的范围；判断题正确填√，错误填 ×；除特殊说明外，判断题每题 1.5 分，选择题每题 3 分，共计 40 分）

（一）阅读以下程序，完成相关题目。

```
01  #include <iostream>
02
03  using namespace std;
04
05  int main()
06  {
07    unsigned short x, y;
```

```
08    cin >> x >> y;
09    x = (x | x << 2) & 0x33;
10    x = (x | x << 1) & 0x55;
11    y = (y | y << 2) & 0x33;
12    y = (y | y << 1) & 0x55;
13    unsigned short z = x | y << 1;
14    cout << z << endl;
15    return 0;
16  }
```

假设输入的 x、y 均是不超过 15 的自然数，完成下面的判断题和选择题。

- **判断题**

16. 删去第 7 行与第 13 行的 unsigned，程序行为不变。（　　）

17. 将第 7 行与第 13 行的 short 均改为 char，程序行为不变。（　　）

18. 程序总是输出一个整数“0”。（　　）

19. 当输入为“2 2”时，输出为“10”。（　　）

20. 当输入为“2 2”时，输出为“59”。（　　）

- **选择题**

21. 当输入为“13 8”时，输出为（　　）。

A. “0”

B. “209”

C. “197”

D. “226”

（二）阅读以下程序，完成相关题目。

```
01 #include <algorithm>
02 #include <iostream>
03 #include <limits>
04
05 using namespace std;
06
07 const int MAXN = 105;
08 const int MAXK = 105;
09
10 int h[MAXN][MAXK];
11
12 int f(int n, int m)
13 {
14   if (m == 1) return n;
15   if (n == 0) return 0;
16
17   int ret = numeric_limits<int>::max();
18   for (int i = 1; i <= n; i++)
19   ret = min(ret, max(f(n - i, m), f(i - 1, m - 1)) + 1);
```

```
20     return ret;
21 }
22
23 int g(int n, int m)
24 {
25     for (int i = 1; i <= n; i++)
26          h[i][1] = i;
27     for (int j = 1; j <= m; j++)
28          h[0][j] = 0;
29
30     for (int i = 1; i <= n; i++) {
31          for (int j = 2; j <= m; j++) {
32               h[i][j] = numeric_limits<int>::max();
33               for (int k = 1; k <= i; k++)
34               h[i][j] = min(
35                    h[i][j],
36                    max(h[i - k][j], h[k - 1][j - 1]) + 1);
37          }
38     }
39
40     return h[n][m];
41 }
42
43 int main()
44 {
45     int n, m;
46     cin >> n >> m;
47     cout << f(n, m) << endl << g(n, m) << endl;
48     return 0;
49 }
```

假设输入的 n、m 均是不超过 100 的正整数，完成下面的判断题和选择题。

- **判断题**

22. 当输入为“7 3”时，第 19 行用来取最小值的 min 函数执行了 449 次。（　　）

23. 输出的两行整数总是相同的。（　　）

24. 当 m 为 1 时，输出的第一行总为 n。（　　）

- **选择题**

25. 算法 g(n,m) 最为准确的时间复杂度分析结果为（　　）。

A. $O(n^{3/2}m)$

B. $O(nm)$

C. $O(n^2m)$

D. $O(nm^2)$

26. 当输入为“20 2”时，输出的第一行为（　　）。

A. “4”

B. “5”

C. “6”

D. “20”

27. （4 分）当输入为“100 100”时，输出的第一行为（　　）。

A. “6”

B. “7”

C. “8”

D. “9”

（三）阅读以下程序，完成相关题目。

```
01 #include <iostream>
02
03 using namespace std;
04
05 int n, k;
06
07 int solve1()
08 {
09   int l = 0, r = n;
10   while (l <= r) {
11   int mid = (l + r) / 2;
12   if (mid * mid <= n) l = mid + 1;
13       else r = mid - 1;
14   }
15   return l - 1;
16 }
17
18 double solve2(double x)
19 {
20   if (x == 0) return x;
21   for (int i = 0; i < k; i++)
22       x = (x + n / x) / 2;
23   return x;
24 }
25
26 int main()
27 {
28   cin >> n >> k;
29   double ans = solve2(solve1());
30   cout << ans << ' ' << (ans * ans == n) << endl;
31   return 0;
```

```
32 }
```

假设 int 为 32 位有符号整数类型，输入的 n 是不超过 47000 的自然数、k 是不超过 int 表示范围的自然数，完成下面的判断题和选择题。

- **判断题**

28. 该算法最准确的时间复杂度分析结果为 $O(\log n + k)$。（ ）

29. 当输入为“9801 1”时，输出的第一个数为“99”。（ ）

30. 对于任意输入的 n，随着所输入 k 的增大，输出的第二个数会变成“1”。（ ）

31. 该程序有存在缺陷。当输入的 n 过大时，第 12 行的乘法有可能溢出，因此应当将 mid 强制转换为 64 位整数再计算。（ ）

- **选择题**

32. 当输入为“2 1”时，输出的第一个数最接近（ ）。

A．1

B．1.414

C．1.5

D．2

33. 当输入为“3 10”时，输出的第一个数最接近（ ）。

A．1.7

B．1.732

C．1.75

D．2

34. 当输入为“256 11”时，输出的第一个数（ ）。

A．等于 16

B．接近但小于 16

C．接近但大于 16

D．前三种情况都有可能

三、完善程序（单选题，每小题 3 分，共计 30 分）

（一）（枚举因数）从小到大打印正整数 n 的所有正因数。试补全枚举程序。

```
01 #include <bits/stdc++.h>
02 using namespace std;
03
04 int main() {
05   int n;
06   cin >> n;
07
08   vector<int> fac;
09   faC. reserve((int)ceil(sqrt(n)));
10
11   int i;
12   for (i = 1; i * i < n; ++i) {
13   if (___①___) {
```

```
14    fac. push_back(i);
15    }
16    }
17
18    for (int k = 0; k < fac. size(); ++k) {
19    cout <<___②___<< " ";
20    }
21    if (___③___) {
22    cout <<___④___<< " ";
23    }
24    for (int k = fac. size() - 1; k >= 0; --k) {
25          cout <<___⑤___<< " ";
26    }
27 }
```

35. ①处应填（　　）。

A. n % i == 0

B. n % i == 1

C. n % (i-1) == 0

D. n % (i-1) == 1

36. ②处应填（　　）。

A. n / fac[k]

B. fac[k]

C. fac[k]-1

D. n / (fac[k]-1)

37. ③处应填（　　）。

A. (i-1) * (i-1) == n

B. (i-1) * i == n

C. i * i == n

D. i * (i-1) == n

38. ④处应填（　　）。

A. n-i

B. n-i+1

C. i-1

D. i

39. ⑤处应填（　　）。

A. n / fac[k]

B. fac[k]

C. fac[k]-1

D. n / (fac[k]-1)

（二）（洪水填充）现有用字符标记像素颜色的 8 像素 × 8 像素图像。颜色填充的操作描述如下：给定起始像素的位置和待填充的颜色，将起始像素和所有可达的像素（可达的定义为经过一次或多次的向上、下、左、右四个方向移动所能到达且终点和路径上所有像素的颜色都与起始像素颜色相同），替换为给定的颜色。

试补全程序。

```
01 #include <bits/stdc++.h>
02 using namespace std;
03
04 const int ROWS = 8;
05 const int COLS = 8;
06
07 struct Point {
08 int r, c;
09 Point(int r, int c) : r(r), c(c) {}
10 };
11
12   bool is_valid(char image[ROWS][COLS], Point pt,int prev_color,
                   int new_color) {
13
14   int r = pt.r;
15   int c = pt.c;
16   return (0 <= r && r < ROWS && 0 <= c && c < COLS &&
17   ___①___&& image[r][c] != new_color);
18 }
19
20   void flood_fill(char image[ROWS][COLS], Point cur, int
     new_color) {
21   queue<Point> queue;
22   queue.push(cur);
23
24   int prev_color = image[cur.r][cur.c];
25   ___②___;
26
27   while (!queue.empty()) {
28   Point pt = queue.front();
29   queue.pop();
30
31   Point points[4] = {___③___, Point(pt.r - 1, pt.c),Point(pt.r,
                        pt.c + 1), Point(pt.r, pt.c - 1)};
32
33   for (auto p : points) {
34       if (is_valid(image, p, prev_color, new_color)) {
35     ___④___;
```

```
36            ⑤    ;
37          }
38        }
39    }
40 }
41
42 int main() {
43     char image[ROWS][COLS]    =
                  {{'g','g',  'g',  'g',  'g',  'g',  'g',  'g'},
44                 {'g', 'g',  'g',  'g',  'g',  'g',  'r',  'r'},
45                 {'g', 'r',  'r',  'g',  'g',  'r',  'g',  'g'},
46                 {'g', 'b',  'b',  'b',  'b',  'r',  'g',  'r'},
47                 {'g', 'g',  'g',  'b',  'b',  'r',  'g',  'r'},
48                 {'g', 'g',  'g',  'b',  'b',  'b',  'b',  'r'},
49                 {'g', 'g',  'g',  'g',  'g',  'b',  'g',  'g'},
50                 {'g', 'g',  'g',  'g',  'g',  'b',  'b',  'g'}};
51
52     Point cur(4, 4);
53     char new_color = 'y';
54
55     flood_fill(image, cur, new_color);
56
57     for (int r = 0; r < ROWS; r++) {
58         for (int c = 0; c < COLS; c++) {
59             cout << image[r][c] << " ";
60         }
61         cout << endl;
62     }
63     // 输出:
64     //    g    g    g    g    g    g    g    g
65     //    g    g    g    g    g    g    r    r
66     //    g    r    r    g    g    r    g    g
67     //    g    y    y    y    y    r    g    r
68     //    g    g    g    y    y    r    g    r
69     //    g    g    g    y    y    y    y    r
70     //    g    g    g    g    g    y    g    g
71     //    g    g    g    g    g    y    y    g
72
73     return 0;
74 }
```

40. ①处应填（　　）。

A. `image[r][c] == prev_color`

B. `image[r][c] != prev_color`

C. `image[r][c] == new_color`

D. `image[r][c] != new_color`

41. ②处应填（　　）。

A. `image[cur.r+1][cur.c] = new_color`

B. `image[cur.r][cur.c] = new_color`

C. `image[cur.r][cur.c+1] = new_color`

D. `image[cur.r][cur.c] = prev_color`

42. ③处应填（　　）。

A. `Point(pt.r, pt.c)`

B. `Point(pt.r, pt.c+1)`

C. `Point(pt.r+1, pt.c)`

D. `Point(pt.r+1, pt.c+1)`

43. ④处应填（　　）。

A. `prev_color = image[p.r][p.c]`

B. `new_color = image[p.r][p.c]`

C. `image[p.r][p.c] = prev_color`

D. `image[p.r][p.c] = new_color`

44. ⑤处应填（　　）。

A. `queue.push(p)`

B. `queue.push(pt)`

C. `queue.push(cur)`

D. `queue.push(Point(ROWS,COLS))`

2023 CCF 非专业级别软件能力认证第一轮（CSP-J1）

入门级 C++ 语言试题

注意事项：

- 本试卷满分 100 分，时间 120 分钟。完成测试后，学生可在配套的“佐助题库”里提交自己的答案进行测评，查看分数和排名。
- 测评方式：登录“佐助题库”，点击“初赛测评”，输入 ID“1079”，密码为 123456。
- 没有“佐助题库”账号的读者，请根据本书“关于初赛检测系统”的介绍，免费注册账号。

一、**选择题**（共 15 题，每题 2 分，共计 30 分；每题有且有一个正确选项）

1. 在 C++ 中，下面关键字中（　　）用于声明一个变量，其值不能被修改。

A. unsigned　　B. const

C. static　　D. mutable

2. 八进制数 $(12345670)_8$ 和 $(07654321)_8$ 的和为（　　）。

A. $(22222221)_8$　　B. $(21111111)_8$

C. $(22111111)_8$　　D. $(22222211)_8$

3. 阅读下述代码，修改 data 的 value 成员以存储 3.14，正确的方式是（　　）。

```
union Data {
    int num;
    float value;
    char symbol;
};
union Data data;
```

A. `datA. value = 3.14;`　　B. `value.data = 3.14;`

C. `data->value = 3.14;`　　D. `value->data = 3.14;`

4. 假设有一个链表的节点定义如下：

```
struct Node
    { int data;
    Node* next;
};
```

现在有一个指向链表头部的指针：Node* head。如果想要在链表中插入一个新的节点，其成员 data 的值为 42，并使新节点成为链表的第一个节点，下面操作正确的是（　　）。

A．Node* newNode = new Node; newNode->data = 42; newNode->next = head; head = newNode;

B．Node* newNode = new Node; head->data = 42; newNode->next = head; head = newNode;

C．Node* newNode = new Node; newNode->data = 42; head->next = newNode;

D．Node* newNode = new Node; newNode->data = 42; newNode->next = head;

5. 根节点的高度为 1，一棵拥有 2023 个节点的三叉树高度至少为（　　）。

A．6　　B．7

C．8　　D．9

6. 小明在某一天中依次有 7 个空闲时间段，他想要选出至少一个空闲时间段来练习唱歌，但他希望任意两个练习的时间段之间都有至少两个空闲的时间段让他休息，则小明一共有（　　）种选择时间段的方案。

A．31　　B．18

C．21　　D．33

7. 以下关于高精度运算的说法错误的是（　　）。

A．高精度计算主要是用来处理大整数或需要保留多位小数的运算

B．大整数除以小整数的处理的步骤可以是，将被除数和除数对齐，从左到右逐位尝试将除数乘以某个数，通过减法得到新的被除数，并累加商

C．高精度乘法的运算时间只与参与运算的两个整数中长度较长者的位数有关

D．高精度加法运算的关键在于逐位相加并处理进位

8. 后缀表达式“6 2 3 + - 3 8 2 / + * 2 ^ 3 +”对应的中缀表达式是（　　）。

A．((6 - (2 + 3)) * (3 + 8 / 2)) ^ 2 + 3

B．6 – 2 + 3 * 3 + 8 / 2 ^ 2 + 3

C．(6 - (2 + 3)) * ((3 + 8 / 2) ^ 2) + 3

D．6 - ((2 + 3) * (3 + 8 / 2)) ^ 2 + 3

9. 数 101010_2 和 166_8 的和为（　　）。

A．10110000_2　　B．236_8

C．158_{10}　　D．$A0_{16}$

10. 假设有一组字符 {a,b,c,d,e,f}，对应的频率分别为 5%、9%、12%、13%、16%、45%。以下选项中（　　）是字符 a,b,c,d,e,f 分别对应的一组哈夫曼编码。

A．1111，1110，101，100，110，0

B．1010，1001，1000，011，010，00

C．000，001，010，011，10，11

D．1010，1011，110，111，00，01

11. 给定一棵二叉树，其前序遍历结果为 ABDECFG，中序遍历结果为 DEBACFG。这棵树的正确后序遍历结果是（　　）。

A．EDBGFCA　　B．EDGBFCA

C．DEBGFCA　　D．DBEGFCA

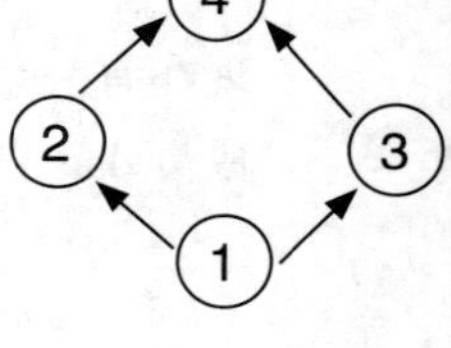

12. 考虑一个有向无环图，该图包含 4 条有向边：(1,2), (1,3), (2,4) 和

(3,4)。以下选项中（　　）是这个有向无环图的一个有效的拓扑排序。

A．4, 2, 3, 1　　B．1, 2, 3, 4

C．1, 2, 4, 3　　D．2, 1, 3, 4

13. 在计算机中，以下选项中描述的数据存储容量最小的是（　　）。

A．字节（byte）　　B．比特（bit）

C．字（word）　　D．千字节（kilobyte）

14. 一个班级有 10 个男生和 12 个女生。如果要选出一个 3 人的小组，并且小组中必须至少包含 1 个女生，那么有（　　）种可能的组合。

A．1420　　B．1770

C．1540　　D．2200

15. 以下选项中不是操作系统的是（　　）。

A．Linux　　B．Windows

C．Android　　D．HTML

二、阅读程序（程序输入不超过数组或字符串定义的范围，判断题正确填√，错误填 ×；除特殊说明外，判断题每题 1.5 分，选择题每题 3 分，共计 40 分）

（一）阅读以下程序，完成相关题目。

```
01  #include <iostream>
02  #include <cmath>
03  using namespace std;
04
05  double f(double a, double b, double c) {
06      double s = (a + b + c) / 2;
07      return sqrt(s * (s - a) * (s - b) * (s - c));
08  }
09
10  int main() {
11      cout.flags(ios::fixed);
12      cout.precision(4);
13
14      int a, b, c;
15      cin >> a >> b >> c;
16      cout << f(a, b, c) << endl;
17      return 0;
18  }
```

假设输入的所有数都为不超过 1000 的正整数，完成下面的判断题和选择题。

- **判断题**

16. （2 分）当输入为“2 2 2”时，输出为“1.7321”。（　　）

17. （2 分）将第 7 行中的“(s - b)*(s - c)”改为“(s - c)*(s - b)”不会影响程序运行的结果。（　　）

18. （2 分）程序总是输出 4 位小数。（　　）

- **选择题**

19. 当输入为“3 4 5”时，输出为（　　）。

A. “6.0000”　　B. “12.0000”

C. “24.0000”　　D. “30.0000”

20. 当输入为“5 12 13”时，输出为（　　）。

A. “24.0000”　　B. “30.0000”

C. “60.0000”　　D. “120.0000”

（二）阅读以下程序，完成相关题目。

```
01  #include <iostream>
02  #include <vector>
03  #include <algorithm>
04  using namespace std;
05
06  int f(string x, string y){
07          int m = x.size();
08  int n = y.size();
09  vector<vector<int>> v(m+1,vector<int>(n+1,0));
10      for(int i = 1; i <= m; i++) {
11          for(int j = 1; j <= n; j++) {
12                  if(x[i-1] == y[j-1]){
13                  v[i][j] = v[i-1][j-1] + 1;
14              } else {
15                  v[i][j] = max(v[i-1][j], v[i][j-1]);
16              }
17          }
18      }
19      return v[m][n];
20  }
21
22  bool g(string x, string y) {
23      if(x.size() != y.size()) {
24      return false;
25      }
26      return f(x + x, y) == y.size();
27  }
28
29  int main() {
30      string x, y;
31      cin >> x >> y;
32      cout << g(x, y) << endl;
33      return 0;
34  }
```

- **判断题**

21. f 函数的返回值小于或等于 min(n,m)。（　　）

22. f 函数的返回值等于两个输入字符串的最长公共子串的长度。（　　）

23. 当输入两个完全相同的字符串时，g 函数的返回值总是 true。（　　）

- **选择题**

24. 将第 19 行中的“v[m][n]”替换为“v[n][m]”，那么该程序（　　）。

A．行为不变　　B．只会改变输出

C．一定非正常退出　　D．可能非正常退出

25. 当输入为“csp-j p-jcs”时，输出为（　　）。

A．“0”　　B．“1”　　C．“T”　　D．“F”

26. 当输入为“csppsc spsccp”时，输出为（　　）。

A．“T”　　B．“F”　　C．“0”　　D．“1”

(三) 阅读以下程序，完成相关题目。

```
01  #include <iostream>
02  #include <cmath>
03  using namespace std;
04
05  int solve1(int n) {
06          return n * n;
07  }
08
09  int solve2(int n) {
10  int sum = 0;
11  for (int i = 1; i <= sqrt(n); i++){
12      if(n % i == 0) {
13              if(n/i == i) {
14  sum += i*i;
15  } else {
16              sum += i*i + (n/i)*(n/i);
17             }
18          }
19      }
20      return sum;
21  }
22
23  int main() {
24      int n;
25      cin >> n;
26      cout<<solve2(solve1(n))<<" "<<solve1(solve2(n))<< endl;
27      return 0;
28  }
```

假设输入的 n 是绝对值不超过 1000 的整数，完成下面的判断题和选择题。

- 判断题

27. 如果输入的 n 为正整数，solve2 函数的作用是计算 n 所有的因子的平方和。（　　）

28. 第 13 ~ 14 行的作用是避免 n 的平方根因子（或 n/i）进入第 16 行而被计算两次。（　　）

29. 如果输入的 n 为质数，solve2(n) 的返回值为 n^2+1。（　　）

- **选择题**

30. （4 分）如果输入的 n 为质数 p 的平方，那么 solve2(n) 的返回值为（　　）。

A. $p^2 + p + 1$　　B. $n^2 + n + 1$

C. $n^2 + 1$　　D. $p^4 + 2p^2 + 1$

31. 当输入为正整数时，第一项减去第二项的差值一定（　　）。

A. 大于或等于 0　　B. 大于或等于 0 且不一定大于 0

C. 小于 0　　D. 小于或等于 0 且不一定小于 0

32. 当输入为“5”时，输出为（　　）。

A. “651 625”　　B. “650 729”

C. “651 676”　　D. “652 625”

三、完善程序（单选题，每小题 3 分，共计 30 分）

（一）（寻找被移除的元素）问题：原有长度为 n+1、公差为 1 的等差升序数列；将数列输入到程序的数组时移除了一个元素，导致长度为 n 的升序数组可能不再连续，除非被移除的是第一个或最后一个元素。需要在数组不连续时，找出被移除的元素。

试补全程序。

```
01  #include <iostream>
02  #include <vector>
03
04  using namespace std;
05
06  int find_missing(vector<int>& nums) {
07      int left = 0, right = nums.size() - 1;
08      while (left < right) {
09                      int mid = left + (right - left) / 2;
10          if (nums[mid] == mid + ____①____) {
11              ____②____
12          } else {
13              ____③____
14          }
15      }
16      return ____④____
17  }
18
19  int main() {
20      int n;
21      cin >> n;
22      vector<int> nums(n);
```

```
23        for(int i = 0; i < n; i++)cin >> nums[i];
24        int missing_number = find_missing(nums);
25        if (missing_number == ___⑤___) {
26            cout << "Sequence is consecutive" << endl;
27        } else {
28            cout << "Missing number is " << missing_number << endl;
29        }
30        return 0;
31    }
```

33. ①处应该填（　　）。

A. 1　　B. nums[0]

C. right　　D. left

34. ②处应该填（　　）。

A. left = mid + 1　　B. right = mid - 1

C. right = mid　　D. left = mid

35. ③处应该填（　　）。

A. left = mid + 1　　B. right = mid - 1

C. right = mid　　D. left = mid

36. ④处应该填（　　）。

A. left + nums[0]　　B. right + nums[0]

C. mid + nums[0]　　D. right + 1

37. ⑤处应该填（　　）。

A. nums[0]+n　　B. nums[0]+n-1

C. nums[0]+n+1　　D. nums[n-1]

（二）（编辑距离）给定两个字符串，每次操作可以选择删除（delete）、插入（insert）和替换（replace）一个字符，求将第一个字符串转换为第二个字符串所需要的最少操作次数。

试补全动态规划算法。

```
01 #include <iostream>
02 #include <string>
03 #include <vector>
04 using namespace std;
05
06 int min(int x, int y, int z){
07   return min(min(x, y), z);
08 }
09
10   int edit_dist_dp(string str1, string str2) {
11   int m = str1.length();
12   int n = str2.length();
13   vector<vector<int>> dp(m + 1, vector<int>(n + 1));
14
```

```
15    for (int i = 0; i <= m; i++) {
16        for (int j = 0; j <= n; j++){
17            if (i == 0)
18               dp[i][j] = ___①___;
19            else if (j == 0)
20               dp[i][j] = ___②___;
21            else if (___③___)
22               dp[i][j] = ___④___;
23            else
24               dp[i][j]=1+min(dp[i][j - 1],dp[i - 1][j],___⑤___);
25        }
26      }
27      return dp[m][n];
28 }
29
30 int  main() {
31      string str1, str2;
32      cin >> str1 >> str2;
33      cout << "Mininum number of operation:"
34           << edit_dist_dp(str1, str2) << endl;
35      return 0;
36 }
```

38. ①处应该填（　　）。

A. j　　B. i

C. m　　D. n

39. ②处应该填（　　）。

A. j　　B. i

C. m　　D. n

40. ③处应该填（　　）。

A. `str1[i -1]== str2[j-1]`　　B. `str1[i]== str2[j]`

C. `str1[i -1]!= str2[j-1]`　　D. `str1[i]!= str2[j]`

41. ④处应该填（　　）。

A. `dp[i - 1][j - 1] + 1`　　B. `dp[i - 1][j - 1]`

C. `dp[i - 1][j]`　　D. `dp[i][j - 1]`

42. ⑤处应该填（　　）。

A. `dp[i][j] + 1`　　B. `dp[i - 1][j - 1] + 1`

C. `dp[i - 1][j - 1]`　　D. `dp[i][j]`

CSP-J 初赛模拟题（一）

入门级 C++ 语言试题

注意事项：

- 本试卷满分 100 分，时间 120 分钟。完成测试后，学生可在配套的“佐助题库”里提交自己的答案进行测评，查看分数和排名。
- 测评方式：登录“佐助题库”，点击“初赛测评”，输入 ID“1069”，密码为 123456。
- 没有“佐助题库”账号的读者，请根据本书“关于初赛检测系统”的介绍，免费注册账号。

一、选择题（共 15 题，每题 2 分，共计 30 分；每题有且仅有一个正确选项）

1. 以下关于 C++ 语言的说法错误的是（　　）。

A. C++ 中的变量可以是字母或数字开头

B. 在函数内部声明的局部变量在函数每次被调用时被创建，在函数执行完后被销毁

C. 定义的整数常量可以带一个后缀，后缀是 U 和 L 的组合，U 表示无符号整数（unsigned），L 表示长整数（long）

D. for 循环在传统意义上可用于实现无限循环

2. 有 7 个元素，按照一定顺序进入栈 S，出栈序列为 1、2、3、4、5、6、7，请问下列初始序列不能通过进出栈得到给定的出栈序列的是（　　）。

A. 1 3 2 5 4 6 7

B. 2 1 5 4 3 7 6

C. 4 2 3 1 7 6 5

D. 6 5 4 3 2 1 7

3. 运行以下代码后，y 的值将变成（　　）。

```
int x = 25;
int *p = &x;
int y = 30;
int *q = &y;
(*q)++;
q = p;
(*q)++;
p = q;
(*p)++;
```

A．30

B．31

C．26

D．27

4. 以下关于队列和链表的说法正确的是（　　）。

A．一个链表可以用来排序，一个队列也可以

B．可以用一个链表来实现一个基础的队列

C．可以用一个队列来实现一个基础的链表

D．存储等量的信息，队列比链表需要的存储空间更大

5. 用单向链表实现栈，下面说法错误的是（　　）。

A．将 a, b, c, d, e 依次入栈，其中夹杂着出栈操作，不可能得到 d, c, e, a, b 的出栈序列

B．单向链表可以同时实现栈的入栈、出栈和访问栈顶的操作

C．弹出和访问栈顶的时间复杂度均可以做到 $O(1)$

D．单向链表不能用来实现队列

6. 对表达式 (a + (b * c)) − d 的后缀表达式为（　　），其中 +、−、* 是运算符。

A．abc*+d−

B．ab+c*d−

C．abc*d−+

D．−+a*bcd

7. 假设字母表 {a, b, c, d, e} 在字符串出现的频率分别为 25%、10%、14%、30%、21%。若使用哈夫曼编码方式对字母进行不定长的二进制编码，每次字符合并时均保证左兄弟小于或等于右兄弟，左儿子编码为 0，右儿子编码为 1，则字符串 bceda 的编码结果为（　　）。

A．010011001110

B．010011001011

C．001011101110

D．010101001110

8. 一棵有 2^n-1 个节点的满二叉树，如果执行如下操作：删除整棵树最左边的节点 p 和 p 的整棵子树，最左边的节点是指从根节点开始一直向左直到没有左子节点的点。重复执行操作直到 p 是根节点，则最终剩下的树的节点数为（　　）。

A．$2^{(n-1)}-1$

B．$2^{(n-1)}+1$

C．1

D．$2^{(n-1)}$

9. 一个具有 N 个点和 N−1 条边的有向图，不存在自环，在最坏情况下，最少需要添加（　　）条边才能让整个图保证任何两个点之间都存在路径可达。

A．N

B．N−1

C．1

D. N+1

10. 有一个 n 个顶点 m 条边的图，以下关于存储该图的说法错误的是（　　）。

A. 如果使用邻接表存储，遍历整张图的时间复杂度为 $O(n+m)$

B. 如果只是想要查询是否存在从 u 到 v 的边，在不考虑空间使用的情况下，使用邻接矩阵比使用邻接表更快

C. 使用链式前向星存图时，虽然不能快速查询一条边是否存在，但是可以方便地对一个点的出边进行排序

D. 如果使用邻接矩阵存储，需要保证这张图中没有重边

11. 当使用数组模拟队列时，设 q 是队列对应的数组，head 是队头对应的数组下标，tail 是队尾对应的数组下标。如果想要完成在队列末尾插入元素 a，并将队首弹出，以下操作能完成的是（　　）。

A. `q[--head] = a; tail++;`

B. `q[++tail] = a; head++;`

C. `q[tail++] = a; head--;`

D. `q[head--] = a; tail--;`

12. 以下关于排序算法的说法中，错误的是（　　）。

A. 在最坏情况下，冒泡排序要执行 $\frac{n(n-1)}{2}$ 次交换操作

D. 插入排序的最优时间复杂度为 $O(n)$

C. 当使用归并排序将两个长为 n 的有序数组合并时，时间复杂度为 $O(n\log(n))$

D. 排序算法的稳定性是指相等的元素经过排序之后相对顺序是否发生了改变

13. 十六进制数 6C.5 对应的二进制数是（　　）。

A. 1101100.0011

B. 1101100.0101

C. 1101011.1

D. 1101011.11

14. 定义字符串的字典序排序为以第 i 个字符作为第 i 关键字比较大小，且空字符小于字符集内任何字符。定义一个字符串中任意个连续的字符组成的子序列称为该字符串的子串，则字符串 adbc 字典序第 6 小的子串是（　　）。

A. ad

B. db

C. bc

D. adbc

15. 对于下面这个函数，运行 f(4, 5) 得到的结果是（　　）。

```
int f(int m, int n)
{
    if (m == 0)
        return 0;
    if (n == 0)
```

```
        return 1;
    if (n > m)
        return f(m, n - 1) * n;
    else
        return f(m - 1, n - 1) * m;
}
```

A. 0

B. 120

C. 96

D. 100

二、阅读程序（程序输入不超过数组或字符串定义的范围；判断题正确填√，错误填 ×；除特殊说明外，判断题每题 1.5 分，选择题每题 3 分，共计 40 分）

（一）阅读以下程序，完成相关题目。

```
01  #include <iostream>
02
03  using namespace std;
04
05  int main()
06  {
07    unsigned long long x;
08    long long y;
09    cin >> x >> y;
10    x = x & x << 2;
11    y = y & (unsigned long long)(-1);
12    unsigned int z;
13    z = ((x + y) >> 30) & ((1 << 5) - 1);
14    cout << z << endl;
15    return 0;
16 }
```

假设输入的 x, y 是满足 $-2^{64} < x, y < 2^{64}-1$ 的整数，完成下面的判断题和选择题。

- **判断题**

16. 将第 12 行的 `unsigned int` 改成 `unsigned long long`，程序行为不变。（ ）

17. 程序输出一定是“0”“1”“2”“3”中的一个。（ ）

18. 当输入为“4 5”时，输出为“0”。（ ）

19. （2 分）当输入的 x, y 满足 $0 < x, y < 100$ 时，输出均为“0”。（ ）

- **选择题**

20. （4 分）当输入为“-2 -1”时，输出为（ ）。

A. 31

B. 0

C. 1

D. 2

（二）阅读以下程序，完成相关题目。

```
01  #include <iostream>
02
03  using namespace std;
04
05  int f(int n, int m)
06  {
07    int ans = 0;
08    for (int l = 1; l <= n; l++)
09    {
10          int sum = 0, p = l;
11          for (int t = 0; t <= n; t++)
12          {
13                int r = t + l;
14                if (r > n)
15                      continue;
16                for (int i = p; i <= n; i++)
17                      if (i > r)
18                            break;
19                      else
20                            sum += i;
21                if (sum >= m)
22                      ans++;
23                p++;
24          }
25    }
26    return ans;
27 }
28
29 int g(int n, int m)
30 {
31    static int sum[1000];
32    sum[0] = 0;
33    for (int i = 1; i <= n; i++)
34          sum[i] = sum[i - 1] + i;
35    int ans = 0;
36    for (int l = 1; l <= n; l++)
37          for (int r = l; r <= n; r++)
38                if (sum[r] - sum[l - 1] >= m)
39                      ans++;
40    return ans;
41 }
42
43 int main()
```

```
44 {
45     int n, m;
46     cin >> n >> m;
47     cout << f(n, m) << endl;
48     cout << g(n, m) << endl;
49     return 0;
50 }
```

假设输入的 n, m 是满足 $0 < n, m < 1000$ 的正整数，完成下面的判断题和选择题。

- **判断题**

21. 当输入为“5 5”时，输出的第二行为“12”。（　　）

22. 输出的第二行总是比第一行数字大。（　　）

23. 当 n = 1 时，无论 m 是多少，答案一定是“0”或者“1”。（　　）

- **选择题**

24. 算法 f(n, m) 最为准确的时间复杂度分析结果为（　　）。

A. $O(n)$

B. $O(n^2)$

C. $O(n^3)$

D. $O(n^2 \log n)$

25. 当输入为“10 30”时，输出的第一行为（　　）。

A. 15

B. 16

C. 17

D. 18

26. 当输入为“20 210”时，输出的第一行为（　　）。

A. 210

B. 10

C. 118

D. 1

（三）阅读以下程序，完成相关题目。

```
01  #include <iostream>
02
03  using namespace std;
04
05  int calc(int n)
06  {
07      int mx = 0, val = 1;
08      while (true)
09      {
10          if (val * 4 > n)
11              break;
```

```
12          mx++;
13          val <<= 2;
14      }
15      int x = 0, adder = 1 << mx;
16      for (int i = mx; i >= 0; i--)
17      {
18          if (n >= val)
19          {
20              while (n >= val)
21                  n -= val;
22              x += adder;
23          }
24          val >>= 2;
25          adder >>= 1;
26      }
27      return x;
28  }
29
30  int main()
31  {
32    int n;
33    cin >> n;
34    cout << calc(n) << endl;
35    return 0;
36  }
```

假设输入的 n, m 是满足 0 < n, m < 5001 的正整数，完成下面的判断题和选择题。

- **判断题**

27. 当输入为 “10” 时，输出为 “3” 。（　　）

28. 在给定的数据范围内，输出结果的最大值为 “95” 。（　　）

29. 输入的 n 越大，输出结果越大。（　　）

30. 该算法是在计算 n 开根后的结果。（　　）

- **选择题**

31. 有（　　）种不同的输入 n，可以使最后的输出为 “5” 。

A. 1

B. 9

C. 7

D. 15

32. 该算法最准确的时间复杂度分析结果为（　　）。

A. $O(\log n)$

B. $O(\log\log n)$

C. $O(n)$

D. $O(n^{\frac{1}{2}})$

33. （4 分）当输入的 n 满足 4096 < n 时，所有输出结果最大值减去最小值的差值为（　　）。

A. 64

B. 31

C. 32

D. 28

三、完善程序（单选题，每小题 3 分，共计 30 分）

（一）（非对应排列）对于一个长度为 n 的排列，如果这个排列中所有的元素都不在自己原来的位置上，就称这个排列是一个非对应排列。求所有长度为 n 的排列中有多少个是非对应排列。试补全程序。

```
01 #include <iostream>
02
03 using namespace std;
04
05 int n, ans, A[15];
06 bool Vis[15];
07
08 void dfs(const int p)
09 {
10     if (p > n)
11     {
12         if (___①___)
13             ans++;
14         return;
15     }
16     for (int i = 1; i <= n; i++)
17         if (___②___)
18         {
19             ___③___;
20             dfs(p + 1);
21             ___④___;
22         }
23 }
24
25 int main()
26 {
27     cin >> n;
28     ___⑤___;
29     cout << ans << endl;
30     return 0;
31 }
```

34. ① 处应填（　　）。

A. 0

B. p > n + 1

C. true

D. A[p] != p

35. ②处应填（　　）。

A. Vis[i] == true && i != p

B. A[p] == i && i != p

C. Vis[i] == false && i != p

D. A[p] != i && i != p

36. ③处应填（　　）。

A. A[p] = i

B. A[i] = p

C. Vis[i] = true

D. Vis[i] = false

37. ④处应填（　　）。

A. A[p] = 0

B. A[i] = 0

C. Vis[i] = false

D. Vis[i] = true

38. ⑤处应填（　　）。

A. dfs(1, n)

B. dfs(n)

C. dfs(1)

D. dfs(n+1)

（二）（最大子树和）现在有一个 n 个节点的树，每个点有点权，点权可能是正数也可能是负数。现在想要求，在任何一个节点都可以做根节点的情况下，点权和最大的子树的点权和是多少。试补全程序。

```
01  #include <iostream>
02  #include <vector>
03
04  using namespace std;
05
06  const int N = 105;
07
08  int n, ans, total, sum[N], value[N];
09  vector<int> E[N];
10
11 void dfs(int u, int fa)
12 {
13     sum[u] = value[u];
14     for (vector<int>::iterator it = E[u].begin(); it != E[u].
       end(); it++)
```

```
15      {
16          ___①___;
17          if (v == fa)
18              continue;
19          dfs(v, u);
20          ___②___;
21          ___③___;
22      }
23      ___④___;
24  }
25
26  int main()
27  {
28      cin >> n;
29      for (int i = 1; i <= n; i++)
30      {
31          cin >> value[i];
32          total += value[i];
33      }
34      for (int i = 1; i < n; i++)
35      {
36          int u, v;
37          cin >> u >> v;
38          ___⑤___
39      }
40      dfs(1, 0);
41      cout << ans << endl;
42      return 0;
43  }
```

39. ①处应填（　　）。

A. `int v = *it`

B. `int v = it`

C. `int v = &it`

D. `int v = E[it]`

40. ②处应填（　　）。

A. `ans = max(ans, total - sum[u])`

B. `ans = max(ans, total - sum[u] + sum[v])`

C. `ans = max(ans, sum[u] - sum[v])`

D. `ans = max(ans, total - sum[v])`

41. ③处应填（　　）。

A. `sum[u] += sum[v]`

B. `total -= sum[v]`

C. `sum[v] += sum[u]`

D. `total += sum[v]`

42. ④处应填（　　）。

A. `ans = max(ans, sum[fa])`

B. `ans = max(ans, total - sum[u])`

C. `ans = max(ans, sum[u])`

D. `ans = max(ans, sum[fa] - sum[u])`

43. ⑤处应填（　　）。

A. `E[u][v] = 1; E[v][u] = 1;`

B. `E[u][u] = 1; E[v][v] = 1;`

C. `E[u].push_back(v); E[v].push_back(u);`

D. `E[u].push_back(u); E[v].push_back(v);`

CSP-J 初赛模拟题（二）

入门级 C++ 语言试题

注意事项：

- 本试卷满分 100 分，时间 120 分钟。完成测试后，学生可在配套的“佐助题库”里提交自己的答案进行测评，查看分数和排名。
- 测评方式：登录“佐助题库”，点击“初赛测评”，输入 ID“1068”，密码为 123456。
- 没有“佐助题库”账号的读者，请根据本书“关于初赛检测系统”的介绍，免费注册账号。

一、选择题（共 15 题，每题 2 分，共计 30 分；每题有且仅有一个正确选项）

1. 1GiB 等于（　　）。

A．$1000 \times 1000 \times 1000$ 字节　　B．$1024 \times 1024 \times 1024$ 字节

C．1000×1000 字节　　D．1024×1024 字节

2. 编译器的作用是（　　）。

A．验证高级语言源程序是否有错误

B．控制和管理程序使用的资源

C．将高级语言源程序转换为另一种语言的程序并运行

D．将高级语言源程序翻译为机器语言目标程序

3. C 语言代码是以（　　）存储于计算机系统中的。

A．二进制码　　B．八进制码

C．ASCII 码　　D．明文

4. 下列说法正确的是（　　）。

A．CPU 的主要任务是控制和管理系统资源

B．存储器不具备记忆能力，其中信息随时可能会丢失，因此存储数据时需要引入数据恢复机制

C．两个显示器分辨率相同，则它们屏幕尺寸必定相同

D．个人用户可以使用有线网、Wi-Fi 的方式连接到 Internet

5. 二进制数 01001011 与十六进制数 14 的和是（　　）。

A．$(01011111)_2$　　B．$(01011001)_2$

C．$(01010111)_2$　　D．$(10001100)_2$

6. 所谓的"异常机制"是指（　　）。

A．当出现需要处理的异常情况时，CPU 暂时停止当前程序的执行转而执行处理新情况的过程

B．程序运行出现超出预期的情况或错误，操作系统对错误进行处理的过程

C．操作系统中运行的，对程序运行情况进行监测并给 CPU 反馈运行异常的机制

D．CPU 底层运行的，对 CPU 状态进行检测并将状态或错误上传给上层操作系统的机制

7. SMTP 可以用于（　　）。

A．远程传输文件　　B．发送电子邮件

C．浏览网页　　D．网上聊天

8. 15 个顶点的图有 3 个连通块，其最小生成树的边数为（　　）。

A．12　　B．13　　C．14　　D．15

9. 用链表实现双端队列（可从队首、队尾入队，也可以从队首、队尾出队），下面说法错误的是（　　）。

A．无须事先估计存储空间大小

B．将 a, b, c, d 依次入队，入队期间插入出队操作，则可以得到的出队序列种类为 24 种

C．单次操作的复杂度为 $O(n)$

D．内存中可用的存储单元的地址无须连续

10. 前序遍历与后序遍历序列相同的二叉树为（　　）。

A．根节点无左子树的二叉树

B．根节点无右子树的二叉树

C．只有根节点的二叉树或非叶子节点只有左子树的二叉树

D．只有根节点的二叉树

11. 某算法的计算时间表示为递推关系式 $T(n)=T(n/2)+n$（n 为正整数）及 $T(0)=1$，则该算法的时间复杂度为（　　）。

A．$O(\log n)$　　B．$O(n\log n)$　　C．$O(n)$　　D．$O(n^2)$

12. 下列选项中不属于图片文件格式的是（　　）。

A．BMP　　B．JPG　　C．PNG　　D．RMVB

13. 排列 123456，使 1、2 相邻，5、6 相邻，一共有（　　）种排法。

A．24　　B．48　　C．96　　D．120

14. 一棵 n 层的完全二叉树，根节点左子树与右子树的大小差距最大为（　　）。

A．0　　B．1　　C．2^{n-2}　　D．2^{n-1}

15. 在 NOI 系列赛事中，参赛选手必须使用由承办单位统一提供的设备。下列物品中不允许选手自带的是（　　）。

A．键盘　　B．笔　　C．身份证　　D．准考证

二、阅读程序（程序输入不超过数组或字符串定义的范围；判断题正确填√，错误填 ×；除特殊说明外，判断题每题 1.5 分，选择题每题 3 分，共计 40 分）

（一）阅读以下程序，完成相关题目。

```
01  #include <iostream>
```

```
02
03  using namespace std;
04
05  struct Point
06  {
07       int x;
08       int y;
09       Point operator + (const Point &a) const
10      {
11          Point tmp;
12          tmp.x = x + a. x;
13          tmp.y = y + a. y;
14          return tmp;
15      }
16      Point operator - (const Point &a) const
17      {
18          Point tmp;
19          tmp.x = x - a. x;
20          tmp.y = y - a. y;
21          return tmp;
22      }
23 };
24
25 struct Line
26 {
27      Point a;
28      Point b;
29      Line operator + (const Line &c) const
30      {
31          Line tmp;
32          tmp.a = a;
33          tmp.b = b + (C. b - C. a);
34          return tmp;
35      }
36 };
37
38 int main()
39 {
40      Line a, b;
41      cin >> a. a. x >> a. a. y >> a. b. x >> a. b. y;
42      cin >> b. a. x >> b. a. y >> b. b. x >> b. b. y;
43      Line c = a + b;
44      cout << c. a. x << " " << c. a. y << " " << c. b. x << " " << c
        . b. y << endl;
```

```
45     return 0;
46 }
```

假设输入的所有数字为 100 以内的正整数，完成下面的判断题和选择题。

- **判断题**

16. 不管输入为何，程序的输出总会是 4 个正整数。（　　）

17. 交换代码的第 41 行与 第 42 行，程序的运行结果不变。（　　）

18. 程序的功能是将两条线段“拼接”起来并输出拼接后折线的首尾坐标。（　　）

- **选择题**

19. （2.5 分）当输入为“1 1 1 1 1 1 1 1”时，输出为（　　）。

A. 1 1 2 2　　B. 1 1 1 1

C. 2 2 2 2　　D. 2 2 1 1

20. 当输入为 “1 1 2 2 3 3 4 4” 时，输出为（　　）。

A. 1 1 4 4　　B. 1 1 3 3

C. 2 2 4 4　　D. 2 2 3 3

21. 当输入为 “13 19 27 10 99 95 7 54”时，输出为（　　）。

A. 13 19 -65 -31　　B. 13 19 7 54

C. 99 95 27 10　　D. 99 95 21 45

（二）阅读以下程序，完成相关题目。

```
01  #include <iostream>
02
03  using namespace std;
04
05  int main()
06  {
07      int a, b, c;
08      cin >> a >> b >> c;
09      if (a > b)
10      {
11          if (a > c)
12              cout << a << ' ';
13          else
14              cout << c << ' ';
15      }
16      if (b > c)
17      {
18          if (a > c)
19              cout << a << ' ';
20          else
21              cout << b << ' ';
22      }
23      return 0;
24  }
```

假设输入的 a、b、c 都位于 int 范围内，完成下面的判断题和选择题。

- **判断题**

22. 程序的功能是输出 3 个数中最大的两个数。（　　）

23. 如果将第 11 行的 > 换成 >=，程序的行为不会发生改变。（　　）

24. 如果输入 3 个相同的数，程序什么都不会输出。（　　）

- **选择题**

25. 程序可能的行为包括（　　）。

① 先后输出 a 两次；② 先后输出 a 和 b；③ 先后输出 c 和 a；④ 先后输出 c 和 b；⑤ 只输出 a；⑥ 只输出 b；⑦ 只输出 c；⑧ 什么都不输出。

A. ①②③④⑤⑥⑦⑧　　B. ①⑤⑥⑦⑧

C. ①⑤⑦⑧　　D. ⑤⑧

26. 假如输入的 3 个数中 c 是最大的，程序会输出（　　）。

A. a 或 c　　B. c　　C. c 或什么都不输出　　D. 什么都不输出

27. 输入为“4 3 2”时，程序的输出为（　　）。

A. 4 4　　B. 4 3　　C. 2　　D. 4

（三）阅读以下程序，完成相关题目。

```
01  #include <iostream>
02
03  using namespace std;
04
05  bool fun(int a)
06  {
07      for (int i = 2; 111 * i * i <= a; i ++)
08          if (a % i == 0)
09              return false;
10      return true;
11  }
12
13 int n;
14 char str[10];
15
16 int main()
17 {
18     cin >> n >> str;
19     int ans = 0;
20     for (int i = 0; i < n; i ++)
21     {
22         int tmp = 0;
23         for (int j = i; j < n; j ++)
24         {
25             tmp = tmp * 26 + str[j] - 'a';
```

```
26              ans += fun(tmp);
27          }
28      }
29      cout << ans << endl;
30      return 0;
31  }
```

假设输入的 n 是一个小于或等于 6 的整数，str 是一个长度等于 n 的只包含小写字母的字符串，完成下面的判断题和选择题。

- **判断题**

28. 如果去掉第 7 行的 111 *，程序的行为不变。（　　）

29. 程序的作用为判断每个子串是否是 二十六 进制下的质数。（　　）

30. 在引入适当的头文件后，将第 14 行的 char str[10] 改为 string str，程序的行为不变。（　　）

- **选择题**

31. 当输入的 n 为 4 时，输出 ans 的最大值为（　　）。

A. 10　　B. 16　　C. 8　　D. 6

32. 当输入为 “3 abc” 时，输出为（　　）。

A. 1　　B. 2　　C. 3　　D. 4

33. 当输入为 “6 cccccc” 时，输出为（　　）。

A. 0　　B. 6　　C. 11　　D. 21

三、完善程序（单选题，每小题 3 分，共计 30 分）

（一）（最大子段和）给出一个长度为 *n* 的整数序列，求出它的最大子段和。*n* 是一个不超过 100 的正整数，整数序列的每个元素的绝对值不超过 10000。

试补全程序。

```
01  #include <iostream>
02
03  using namespace std;
04
05  const int MAXN = 105;
06  const int ANS_MAX = 100 * 10000 + 5;
07
08  int seq[MAXN];
09  int n;
10
11  int main()
12  {
13      cin >> n;
14      for (int i = 1; i <= n; i ++)
15      {
16          cin >> seq[i];
17          ___①___;
```

```
18      }
19      int ans = ___②___, pre = ___③___;
20      for (int i = 1; i <= n; i ++)
21      {
22          ans = max(ans, ___④___);
23          ___⑤___;
24      }
25      cout << ans << endl;
26      return 0;
27 }
```

34. ①处应填（　　）。

A. `seq[i] = max(seq[i], seq[i - 1])`

B. `seq[i] += seq[i - 1]`

C. `seq[i] -= seq[i - 1]`

D. `seq[i] = min(seq[i], seq[i - 1])`

35. ②处应填（　　）。

A. `ANS_MAX`　　B. `-ANS_MAX`

C. `0`　　D. `n`

36. ③处应填（　　）。

A. `ANS_MAX`　　B. `-ANS_MAX`

C. `0`　　D. `seq[1]`

37. ④处应填（　　）。

A. `seq[i] - pre`　　B. `seq[i]`

C. `pre - seq[i]`　　D. `pre`

38. ⑤处应填（　　）。

A. `pre = min(pre, seq[i])`　　B. `pre += seq[i]`

C. `pre -= seq[i]`　　D. `pre = max(pre, seq[i])`

（二）（逆序对）给出长度为 n 的排列，求出它的逆序对个数。所谓逆序对指的是 $i<j$，但是序列中第 i 个数大于第 j 个数的 (i,j) 对数。n 为一个不超过 100000 的整数。试补全程序。

```
01  #include <iostream>
02
03  using namespace std;
04
05  const int MAXN = 100005;
06
07  int seq[MAXN], tmp[MAXN], n;
08  ___①___;
09
10 void merge_sort(int l, int r)
11 {
12     if (l == r) return ;
```

```
13      int mid = (l + r) >> 1;
14      merge_sort(l, mid);
15      merge_sort(mid + 1, r);
16      int p1 = l, p2 = mid + 1, cnt = 0;
17      while (___②___)
18      {
19          if (___③___)
20              tmp[++ cnt] = seq[p1 ++];
21          else
22          {
23              tmp[++ cnt] = seq[p2 ++];
24              ___④___;
25          }
26      }
27      for (int i = l; i <= r; i ++)
28              ___⑤___;
29  }
30
31  int main()
32  {
33      cin >> n;
34      for (int i = 1; i <= n; i ++)
35          cin >> seq[i];
36      merge_sort(1, n);
37      cout << ans << endl;
38  }
```

39. ①处应填（　　）。

A. `short ans`　　B. `int ans`

C. `unsigned int ans`　　D. `long long ans`

40. ②处应填（　　）。

A. `p1 <= mid && p2 <= r`　　B. `p1 < mid && p2 < r`

C. `p1 <= mid || p2 <= r`　　D. `p1 < mid || p2 < r`

41. ③处应填（　　）。

A. `seq[p1] > seq[p2] || p1 > mid`　　B. `seq[p1] < seq[p2]`

C. `seq[p1] < seq[p2] || p2 > r`　　D. `seq[p1] > seq[p2]`

42. ④处应填（　　）。

A. `ans ++`　　B. `ans += p1 - l`

C. `ans += mid - p1 + 1`　　D. `ans += r - p2 + 1`

43. ⑤处应填（　　）。

A. `seq[i] = tmp[i - l + 1]`　　B. `seq[i] = tmp[i]`

C. `tmp[i] = seq[i]`　　D. `tmp[i] = seq[i - l + 1]`

CSP-J 初赛模拟题（三）

入门级 C++ 语言试题

注意事项：

- 本试卷满分 100 分，时间 120 分钟。完成测试后，学生可在配套的“佐助题库”里提交自己的答案进行测评，查看分数和排名。
- 测评方式：登录“佐助题库”，点击“初赛测评”，输入 ID“1067”，密码为 123456。
- 没有“佐助题库”账号的读者，请根据本书“关于初赛检测系统”的介绍，免费注册账号。

一、单项选择题（共 15 题，每题 2 分，共计 30 分；每题有且仅有一个正确选项）

1. 下面关于 C++ 面向对象程序设计的说法中，错误的是（　　）。

A. struct 和 class 的区别在于 struct 默认为公有，而 class 默认为私有

B. 在代码中调用 printf 函数与 C++ 的面向对象特性无关

C. 类中没有定义任何构造函数一定会导致编译器报错

D. C++ 的面向对象程序设计思想有三大特征：封装、继承和多态

2. （　　）是输出设备。

A. 麦克风

B. 扬声器

C. 键盘

D. 鼠标

3. 现有一张分辨率为 2560 像素 ×1600 像素的 24 位真彩色图像，其大约需要（　　）存储空间。

A. 12MB

B. 20MB

C. 6MB

D. 16MB

4. 二进制数 01010010 与 10110110 进行异或运算得到的结果为（　　）。

A. 10100100

B. 11100100

C. 11100110

D. 10100110

5. 在Linux中，用于复制文件的命令为（　　）。

A. mv

B. cd

C. ls

D. cp

6. 现有一棵二叉树，中序遍历的序列为FCBAEDG，后序遍历的序列为FCAGDEB，则其先序遍历的结果为（　　）。

A. BCFAEDG

B. BCFAEGD

C. BFCEADG

D. BCFEADG

7. 对于入栈序列1,2,3,4,5,6，下面可能的出栈序列是（　　）。

A. 1,3,2,4,5,6

B. 3,2,1,6,4,5

C. 4,6,3,5,2,1

D. 2,5,3,4,1,6

8. 后缀表达式“2 3 * 6 4 − / 3 5 + *”对应的计算结果是（　　）。

A. 32

B. 24

C. 20

D. 18

9. 森林是由若干棵独立的树组成的图。n 个点 m 棵树组成的森林（简单图）有（　　）条边。

A. $n-m$

B. $n-m+1$

C. $n-2m-1$

D. $n-m-1$

10. 下列有关于计算机常识的说法，错误的是（　　）。

A. 图灵奖是计算机科学领域的最高奖项

B. 世界上第一台电子计算机是ENIAC，诞生于1946年

C. Android、Linux、JavaScript和Windows均为操作系统

D. 冯·诺依曼享有“计算机之父”的美誉

11. 对于一个 n 个元素的排列，如果每个元素都不在自己应当在的位置上，就称其为“错位排列”，简称错排。5个元素的排列有（　　）种错排。

A. 44

B. 36

C. 40

D. 32

12. 假设有一组字符 a, b, c, d, e，对应的出现频率分别为 30%、10%、19%、15%、26%，则其分别对应的一组哈夫曼编码可能为（　　）。

A．10, 000, 01, 001, 11

B．000, 11, 01, 010, 10

C．10, 001, 11, 101, 11

D．100, 00, 10, 101, 01

13. 一棵二叉树共有 3958 个节点，则其深度至少为（　　）。（对于一个节点构成的树，其深度为 1。）

A．9

B．10

C．12

D．11

14. 有甲、乙、丙 3 项任务，甲需要由两人承担，乙丙各需要一人承担，从 10 个人中选派 4 人承担这 3 项任务，不同的选法有（　　）种。

A．1260

B．2025

C．2520

D．5040

15. 下面关于网络技术的说法，错误的是（　　）。

A．无线网络中数据通信不需要介质

B．LAN 是局域网，学校机房里用的是 LAN

C．网络协议是实现不同网络之间正确通信的基础

D．移动终端之间不仅仅通过移动通信网络进行通信

二、阅读程序（程序输入不超过数组或字符串定义的范围，判断题正确填√，错误填 ×；除特殊说明外，判断题每题 2 分，选择题每题 3 分，共计 40 分）

（一）阅读以下程序，完成相关题目。

```
01    #include <iostream>
02    #include <cmath>
03
04    using namespace std;
05
06    const int maxN = 18 + 5;
07
08    int n, k, ans;
09    int a[maxN];
10
11    bool isPrime(int x)
12    {
13        if (x == 1)
14            return false;
```

```
15      for (int i = 2, tmp = sqrt(x); i <= tmp; ++i)
16          if (x % i == 0)
17              return false;
18      return true;
19  }
20
21  void DFS(int pos, int num, int sum)
22  {
23      if (num == k)
24      {
25          if (isPrime(sum))
26              ++ans;
27          return;
28      }
29      for (int i = pos; i <= n; ++i)
30          DFS(i + 1, num + 1, sum + a[i]);
31  }
32
33  int main()
34  {
35      cin >> n >> k;
36      for (int i = 1; i <= n; ++i)
37          cin >> a[i];
38      DFS(1, 0, 0);
39      cout << ans << endl;
40
41      return 0;
42  }
```

假设输入的所有数都为不超过 20 的正整数，完成下面的判断题和选择题。

- **判断题**

16. 不考虑 DFS 中对 isPrime 的调用，单纯考虑 isPrime 函数本身，其可以用于判断任意 int 型自然数是否为质数。（ ）

17. 输出的结果有可能超过 2 的 n 次方。（ ）

18. 将第 15 行的 tmp = sqrt(x) 改为 tmp = x，运行结果不变。（ ）

- **选择题**

19. 当输入为”5 2 1 2 3 5 7” 时，输出为（ ）。

A. 0

B. 1

C. 2

D. 3

20. （4 分）将第 38 行改为 DFS(2, 0, 0)，对输出结果的影响为（ ）。

A. 可能不变

B．必然变小

C．必然变大

D．可能变大

（二）阅读以下程序，完成相关题目。

```
01    #include <iostream>
02
03    using namespace std;
04
05    const int maxN = 2e5 + 5;
06
07    int n, ans = 1e9;
08    int fa[maxN], d[maxN];
09
10    int Find(int x)
11    {
12        if (fa[x] == x)
13            return x;
14        int t = fa[x];
15        fa[x] = Find(t);
16        d[x] += d[t];
17        return fa[x];
18    }
19
20    void Check(int u, int v)
21    {
22        int x = Find(u), y = Find(v);
23        if (x != y)
24        {
25            fa[x] = y;
26            d[x] = d[v] + 1;
27        }
28        else
29            ans = min(ans, d[u] + d[v] + 1);
30    }
31
32    int main()
33    {
34        cin >> n;
35        for (int i = 1; i <= n; ++i)
36            fa[i] = i, d[i] = 0;
37
38        for (int i = 1; i <= n; ++i)
39        {
40            int t;
```

```
41            cin >> t;
42            Check(i, t);
43        }
44
45        cout << ans << endl;
46
47        return 0;
48    }
```

假设输入的所有数都为不超过 100000 的正整数，完成下面的判断题和选择题。

- **判断题**

21. d 数组的值不可能超过 n。（　　）

22. 将第 25 行的 fa[x]=y 改为 fa[y]=x，运行的结果不会改变。（　　）

23. （3 分）ans 的值可能等于 n。（　　）

- **选择题**

24. 当输入为“5 2 4 2 3 1”时，输出为（　　）。

A. 2

B. 3

C. 4

D. 5

25. （4 分）当输入为“8 2 8 6 7 8 7 1 6”时，输出为（　　）。

A. 2

B. 3

C. 4

D. 5

（三）阅读以下程序，完成相关题目。

```
01    #include <iostream>
02    #include <vector>
03    #include <queue>
04
05    using namespace std;
06    using pii = pair<int, int>;
07
08    const int maxN = 1e5 + 5;
09
10    int n, m, w, ans;
11    int a[maxN], b[maxN], in[maxN];
12    vector<int> adj[maxN];
13    priority_queue<pii, vector<pii>, greater<pii> > q;
14
15    int main()
16    {
17        cin >> n >> m >> w;
```

```
18          for (int i = 1; i <= n; ++i)
19              cin >> a[i];
20          for (int i = 1; i <= n; ++i)
21              cin >> b[i];
22          for (int i = 1; i <= m; ++i)
23          {
24              int u, v;
25              cin >> u >> v;
26              adj[u].push_back(v);
27              ++in[v];
28          }
29
30          for (int i = 1; i <= n; ++i)
31              if (in[i] == 0)
32                  q.push(pii(a[i], i));
33          while (!q.empty())
34          {
35              int u = q.top().second;
36              if (a[u] > w)
37                  break;
38              w += b[u], ++ans;
39              q.pop();
40
41              for (int v : adj[u])
42                  if (--in[v] == 0)
43                      q.push(pii(a[v], v));
44          }
45          cout << ans << endl;
46
47          return 0;
48      }
```

假设输入的所有数字均是不超过 10000 的正整数，给出的图为有向无环图，完成下面的判断题和选择题。

- **判断题**

26. 该代码本质上是在执行拓扑排序过程，只是将原本的队列换成了优先队列。（　　）

27. 第 13 行与常规定义优先队列不同，这是为了定义小根堆而非大根堆。（　　）

28. 该代码采用了链式前向星来存储输入给出的有向图。（　　）

- **选择题**

29. 该算法的时间复杂度为（　　）。

A．$O(n+m)$

B．$O(n\log n)$

C．$O((n+m)\log n)$

D．$O(m + n\log n)$

30. （4 分）下面关于程序运行的说法错误的是（　　）。

A. 删去第 36、37 行后，输出结果恒定为 n

B. in 数组表示了有向无环图中一个点的入度

C. 若 a 数组的元素均为 0，将第 35 行得到的 u 的编号按访问顺序记录下来，其应当是单调递增序列

D. 将第 39 行挪至第 43 行后可能会导致运行结果出错

三、完善程序（单选题，每小题 3 分，共计 30 分）

（一）（游戏得分）问题：现进行 n 局游戏，第 i 局游戏胜利会得到 x_i 的分数。同时游戏有连胜奖励机制，每进行完一局游戏时均会判定，若连胜的场数满足条件便可以得到特定的奖励分数，这样的连胜奖励规则有 m 条，每条规则形如连胜 c 场可奖励 y 分。规则中的 c 可能相同，此时可以从多种规则下得到累加的奖励。在何种胜负情况下，能得到最多分数？

试补全程序。

```
01    #include <cstring>
02    #include <iostream>
03
04    using namespace std;
05    using LL = long long;
06
07    const int maxN = 5e3 + 5;
08
09    int n, m;
10    int x[maxN];
11    LL bonus[maxN];
12    LL f[maxN][maxN];
13
14    int main()
15    {
16        cin >> n >> m;
17        for (int i = 1; i <= n; ++i)
18            cin >> x[i];
19        for (int i = 1; i <= m; ++i)
20        {
21            int c, y;
22            cin >> c >> y;
23            ____①____;
24        }
25        ____②____;
26        f[0][0] = 0;
27        for (int i = 1; i <= n; ++i)
28        {
29            for (int j = 0; j <= n; ++j)
30                f[i][0] = ____③____;
```

```
31              for (int j = 1; j <= n; ++j)
32                  f[i][j] = ___④___;
33          }
34
35          LL ans = 0;
36          for (int j = 0; j <= n; ++j)
37              ans = ___⑤___;
38          cout << ans << endl;
39
40          return 0;
41      }
```

31. ①处应该填（　　）。

A. bonus[c] = y

B. bonus[y] = c

C. bonus[c] += y

D. bonus[y] += c

32. ②处应该填（　　）。

A. memset(f, 0, sizeof(f))

B. memset(f, 0x3F, sizeof(f))

C. memset(f, -1, sizeof(f))

D. memset(f, -0x3F, sizeof(f))

33. ③处应该填（　　）。

A. min(f[i][0], f[i - 1][j])

B. min(f[i][0], f[i-1][j-1])

C. max(f[i][0], f[i - 1][j])

D. max(f[i][0], f[i-1][j-1])

34. ④处应该填（　　）。

A. f[i-1][j]+x[i]

B. f[i-1][j-1]+x[j]+bonus[i]

C. f[i-1][j-1]+bonus[j]

D. f[i-1][j-1]+x[i]+bonus[j]

35. ⑤处应该填（　　）。

A. max(ans, f[n][j])

B. max(ans, f[n][j]+bonus[j])

C. min(ans, f[n][j])

D. max(ans, f[n][j]+x[n]+bonus[j])

（二）（01 矩阵）问题：给定一个 $n \times n$ 的 01 矩阵，找到一个为 0 的位置，将其变为 1 后，矩阵中最大全 1 四连通块的大小（也即四连通块中 1 的个数）最大。输入的 01 矩阵为 n 行 n 列中间有空格间隙的矩阵。

试补全程序。

```
01    #include <iostream>
02    #include <queue>
03
04    using namespace std;
05    using pii = pair<int, int>;
06
07    const int maxN = 55;
08    const int dx[] = {1, -1, 0, 0};
09    const int dy[] = {0, 0, 1, -1};
10
11    int n;
12    int a[maxN][maxN];
13
14    int getAns()
15    {
16        static queue<pii> q;
17        static int vis[maxN][maxN];
18
19        for (int i = 1; i <= n; ++i)
20            for (int j = 1; j <= n; ++j)
21                vis[i][j] = 0;
22
23        int res = 0;
24        for (int i = 1; i <= n; ++i)
25            for (int j = 1; j <= n; ++j)
26                if (____①____)
27        {
28            int cnt = 0;
29            q.push(pii(i, j)), vis[i][j] = 1, ++cnt;
30            while (!q.empty())
31            {
32                int x0 = q.front().first, y0 = q.front().second;
33                q.pop();
34                for (int k = 0; k < 4; ++k)
35                {
36                    int x = x0 + dx[k], y = y0 + dy[k];
37                    if (____②____)
38                        continue;
39                    if (____③____)
40                        continue;
41                    q.push(pii(x, y)), vis[x][y] = 1, ++cnt;
42                }
43            }
```

```
44          res = max(res, cnt);
45      }
46
47      return res;
48  }
49
50  int main()
51  {
52      cin >> n;
53      for (int i = 1; i <= n; ++i)
54      {
55          for (int j = 1; j <= n; ++j)
56          {
57              string str;
58              cin >> str;
59              a[i][j] = ____④____;
60          }
61      }
62
63      int ans = 0;
64      for (int i = 1; i <= n; ++i)
65      {
66          for (int j = 1; j <= n; ++j) if (____⑤____)
67          {
68              a[i][j] = 1;
69              ans = max(getAns(), ans);
70              a[i][j] = 0;
71          }
72      }
73
74      cout << ans << endl;
75
76      return 0;
77  }
```

36. ①处应该填（　　）。

A. `vis[i][j] and a[i][j]`

B. `!vis[i][j] and a[i][j]`

C. `vis[i][j] and !a[i][j]`

D. `!vis[i][j] and !a[i][j]`

37. ②处应该填（　　）。

A. `!(x>1 and x<n and y>1 and y<n)`

B. `x<1 or x>n or y<1 or y>n`

C. `x<0 or x>n-1 or y<0 or y>n-1`

D. `!(x>=1 and x<=n and y>1 and y<=n)`

38. ③处应该填（　　）。

A. `vis[x][y] or a[x][y]`

B. `!vis[x][y] or a[x][y]`

C. `vis[x][y] or !a[x][y]`

D. `!vis[x][y] or !a[x][y]`

39. ④处应该填（　　）。

A. `str[i] == '0'`

B. `str[0] == '0'`

C. `str[0] - '0'`

D. `str[i] - '0'`

40. ⑤处应该填（　　）。

A. `a[i][j]`

B. `vis[i][j]`

C. `!a[i][j]`

D. `!vis[i][j]`

CSP-J 初赛模拟题（四）

入门级 C++ 语言试题

注意事项：

- 本试卷满分 100 分，时间 120 分钟。完成测试后，学生可在配套的“佐助题库”里提交自己的答案进行测评，查看分数和排名。
- 测评方式：登录“佐助题库”，点击“初赛测评”，输入 ID“1066”，密码为 123456。
- 没有“佐助题库”账号的读者，请根据本书“关于初赛检测系统”的介绍，免费注册账号。

一、选择题（共 15 题，每题 2 分，共计 30 分；每题有且有一个正确选项）

1. 在 C++ 中，关键字（　　）可以建议编译器将函数指定为内联函数，从而可以解决一些频繁调用的函数大量消耗栈空间的问题。

A. unsigned　　B. inline

C. online　　D. signed

2. 十六进制数 $ABCD_{16}$ 和 $DCBA_{16}$ 的和为（　　）。

A. $EEEE_{16}$　　B. 28887_{16}

C. 18887_{16}　　D. 38887_{16}

3. 下述代码用来统计整数 n 的二进制表示中有多少位是 1，则①处应该填写（　　）。

```
int iterated_popcnt(uint32_t n)
{
    int count = 0;
    for(; n; n >>= 1)
        count +=____①____;
    return count;
}
```

A. `n & 1U;`　　B. `n | 1U;`

C. `n >> 1;`　　D. `!(n & 1U);`

4. 假设有一个双向链表的节点定义如下：

```
struct Node {
    int data;
    Node* prev, next;
};
```

现在有一个指向链表头部的指针：`Node* head`。如果想要在链表中插入一个新的节点，其成员 data 的值为 42，并使新节点成为链表的第二个节点（即 head 的后继），下面操作正确的是（　　）。

A. `Node* newNode = new Node; newNode->data = 42; newNode->next = head->next; newNode->prev = head; head->next = newNode; head->next->prev = newNode;`

B. `Node* newNode = new Node; newNode->data = 42; head->next->prev = newNode; head->next = newNode; newNode->next = head->next; newNode->prev = head;`

C. `Node* newNode = new Node; newNode->data = 42; newNode->prev = head; head->next->prev = newNode; head->next = newNode; newNode->next = head->next;`

D. `Node* newNode = new Node; newNode->data = 42; newNode->next = head->next; newNode->prev = head; head->next->prev = newNode; head->next = newNode;`

5. 根节点的高度为 1，一棵高度为 10 的四叉树最多有（　　）个叶子节点。

A. 4^{9-1}　　　　B. 4^{9}

C. 4^{10-1}　　　　D. 4^{10}

6. 合唱小组有 8 名同学围成一个圈进行排练。老师想选出至少一名同学领唱，同时希望任意两名领唱同学之间至少有两名非领唱同学。那么总共有（　　）种不同的选择领唱的方案。

A. 19　　　　B. 20

C. 21　　　　D. 22

7. 以下关于对一列数据从小到大进行快速排序的说法错误的是（　　）。

A. 快速排序的划分过程中，轴点左侧的元素均比轴点右侧的元素小

B. 每次划分都接近平均，轴点总是接近中央，此时算法复杂度达到下界 $O(n\log n)$

C. 当每次划分都极不均衡时，时间复杂度最差，能达到 $O(n^2)$

D. 采用随机选取分割点的策略可以使最坏情况的时间复杂度改善到 $O(n\log n)$

8. 后缀表达式“2 3 5 + * 4 + 2 6 * -”的运算结果为（　　）。

A. 8　　　　B. 78

C. 34　　　　D. 27

9. 下列无符号数中，与 12221_3 相等的数是（　　）。

A. 10110000_2　　　　B. 236_8

C. 158_{10}　　　　D. $A0_{16}$

10. 给定一个初始为空的小根堆，执行以下操作：插入 9、插入 3、插入 5、插入 2、删除堆顶、插入 4、删除堆顶、删除堆顶、插入 8、插入 6、删除堆顶、删除堆顶。经过以上操作后，堆顶元素为（　　）。

A. 3　　　　B. 6

C. 8　　　　D. 5

11. 以下数字中的（　　）和 180 的最小公倍数是 1800。

A. 48　　B. 100

C. 200　　D. 900

12. 字符串 ababc 中本质不同的子串有（　　）个。

A. 11　　B. 12

C. 13　　D. 14

13. 以下关于计算机运行机制的描述，不正确的一项是（　　）。

A. 数据通路：存放运行时程序及其所需要的数据的场所

B. 控制单元：CPU 的组成部分，它根据程序指令来指挥数据通路、内存以及输入 / 输出设备运行，共同完成程序功能

C. 输入设备：信息进入计算机的设备，如键盘、鼠标等

D. 输出设备：将计算结果展示给用户的设备，如显示器、磁盘、打印机、喇叭等

14. 小明有 5 副不同颜色的手套（共 10 只手套，每副手套左右手各 1 只），他一次性从中取 6 只手套，则恰好能配成两副手套的不同取法有（　　）种。

A. 90　　B. 120

C. 140　　D. 144

15. 1937 年，（　　）提出一种“通用”计算机的概念，它可以执行任何一个描述好的程序（算法），实现需要的功能，形成了“可计算性”概念的基础。

A. 冯·诺依曼　　B. 摩尔

C. 诺贝尔　　D. 图灵

二、阅读程序（程序输入不超过数组或字符串定义的范围，判断题正确填√，错误填 ×；除特殊说明外，判断题每题 1.5 分，选择题每题 3 分，共计 40 分）

（一）阅读以下程序，完成相关题目。

```
01 #include <iostream>
02 #include <cmath>
03
04 using namespace std;
05
06 float F(float x1, float y1, float x2, float y2, float x3, float y3) {
07   return (x2 - x1) * (y3 - y1) - (x3 - x1) * (y2 - y1);
08 }
09
10 int main() {
11  float x1, y1, x2, y2, x3, y3;
12
13  cin >> x1 >> y1;
14  cin >> x2 >> y2;
15  cin >> x3 >> y3;
16
17  printf("%.3lf\n", F(x1, y1, x2, y2, x3, y3));
```

```
18    return 0;
19  }
```

● **判断题**

16. （2 分）当输入为“0 0 0 1 1 0”时，输出为“0.500”。（　　）

17. （2 分）将第 7 行改为 `return x2 * y3 - x1 * y3 - x2 * y1 - x3 * y2 + x1 * y2 + x3 * y1;` 不会影响程序运行的结果（忽略精度误差带来的影响）。（　　）

18. （2 分）函数 F 返回的值占 8 字节的内存空间。（　　）

● **单选题**

19. 当输入为“0 0 0 3 4 0”时，输出为（　　）。

A. “6.000”　　B. “-6.000”

C. “12.000”　　D. “-12.000”

20. 当输入为“0 3 2 2 6 5”时，输出为（　　）。

A. “10.000”　　B. “-10.000”

C. “5.000”　　D. “-5.000”

（二）n 为正整数，字符串 S 的长度为 n，保证字符串只含英文字母。阅读以下程序，完成相关题目。

```
01  #include <iostream>
02  #include <cstdio>
03  #define N 100011
04  using namespace std;
05
06  char S1[N], S2[N], S[N];
07  int n, hashh[50], lst[N];
08
09  int main() {
10    scanf("%d%s", &n, S);
11
12    for (int i = 0; i < n; ++i) hashh[S[i] - 'A'] = 1;
13    for (int i = 1; i < 50; ++i) hashh[i] += hashh[i - 1];
14    for (int i = 0; i < 26; ++i) lst[hashh[i]] = i;
15    for (int i = 0; i < n; ++i) S1[i] = hashh[S[i] - 'A'] + 'A' - 1;
16    for (int i = 0; i < n; ++i) S2[i] = lst[hashh[S[i] - 'A']] + 'A';
17
18    printf("%s\n%s\n", S1, S2);
19    return 0;
20  }
```

● **判断题**

21. 输入的字符串应当只由大写字母组成，否则在访问数组时可能越界。（　　）

22. 第 13 行的 i<50 改为 i<26，程序运行会出错。（　　）

23. 对于任意的 S，第二行的输出中一定包含字母 Z。（　　）

- **选择题**

24. 当输入为“3 KFC”时，输出的第一行为（　　）。

A．KFC　　B．NBA

C．CBA　　D．ZJE

25. 对于任意 S，第一行的输出不可能出现的结果是（　　）。

A．ABCABC　　B．ABCDEFG

C．CADCD　　D．AABBB

26. 当输入为“4 NOIP”时，输出的第二行为（　　）。

A．NOMZ　　B．NOIZ

C．OPJQ　　D．NOJZ

（三）阅读以下程序，完成相关题目。

```
01 #include <iostream>
02 #include <cstdio>
03 #define N 1000011
04 using namespace std;
05
06 int a[N], n;
07
08 void qsort (int l, int r) {
09   if (l >= r) return;
10
11  int i = l, j = r, p = l;
12  int pivot = a[p];
13
14  while (i < j) {
15      while (i < j && a[j] <= pivot)
16        --j;
17      while (i < j && a[i] >= pivot)
18        ++i;
19      if (i < j)
20        swap(a[i], a[j]);
21  }
22  swap(a[i], a[p]);
23
24  qsort(l, i);
25  qsort(i + 1, r);
26 }
27
28 int main() {
29  scanf("%d", &n);
30  for (int i = 1; i <= n; ++i)
31        scanf("%d", &a[i]);
```

```
32    qsort(1, n);
33    for (int i = 1; i <= n; ++i)
34            printf("%d ", a[i]);
35    return 0;
36  }
```

- **判断题**

27. qsort 的作用是把数组 a 按单调不下降（即非严格递增）顺序进行排序。（　　）

28. 当第 11 行 p=l 修改为 p=r 后，输出结果不会发生改变。（　　）

29. 将第 15 行、第 16 行的代码调换顺序至第 17 行、第 18 行后，程序可以正常运行。（　　）

30. （3 分）第 15 行与第 17 行的“=”同时去掉后，程序可以正常运行。（　　）

- **选择题**

31. 在最坏情况下，该算法的时间复杂度为（　　）。

A. $O(n)$　　B. $O(n\log n)$

C. $O(n^2)$　　D. $O(n^3)$

32. (4 分) 程序运行下列数据，qsort 函数被调用次数最多的是（　　）。

A. 5 1 2 3 4 5　　B. 5 1 3 2 4 5

C. 5 5 4 3 1 2　　D. 5 1 3 5 4 2

三、完善程序（单选题，每小题 3 分，共计 30 分）

（一）（使用辗转相除法求两个数的最大公因数以及快速幂）试补全程序。

```
01  #include <iostream>
02  #include <cstdio>
03  using namespace std;
04  int gcd(int a,int b){
05    if(___①___) return ___②___;
06    return gcd(b,___③___);
07  }
08  int ksm(int x,int y){
09    int ret=1;
10    while(y){
11            if(___④___) ret=ret*x;
12            ___⑤___
13            y>>=1;
14    }
15    return ret;
16  }
17  int main(){
18    int a,b;
19    scanf("%d%d",&a,&b);
20    int ans1=gcd(a,b),ans2=ksm(a,b);
21    printf("%d %d",ans1,ans2);
22    return 0;
23  }
```

33. ①处应该填（　　）。

A. b==0　　B. b==a

C. b<a　　D. b==1

34. ②处应该填（　　）。

A. a　　B. a%b

C. a/b　　D. a-b

35. ③处应该填（　　）。

A. a/b　　B. a

C. a%b　　D. a-b

36. ④处应该填（　　）。

A. y!=0　　B. y%2==0

C. y&1　　D. y>=1

37. ⑤处应该填（　　）。

A. x=x*x　　B. x<<=1

C. x>>=1　　D. x++

（二）给定一段序列，求有多少个连续子区间满足：区间异或和的因子数量为偶数（规定 0 的因子数量为奇数）。阅读以下程序，完成相关题目。

```
01  #include <iostream>
02  #include <cstdio>
03
04  using namespace std;
05
06  const int N = 2e5+10, M = 1e6+10;
07
08  int t, n, k;
09  int a[N], s[N];
10  long long ans;
11  int nums[M];
12
13  int main() {
14      scanf("%d", &n);
15     for (int i = 1; i <= n; ++i) {
16            scanf("%d", &a[i]);
17            s[i] = ___①___;
18     }
19
20     nums[0] ++;
21     for (int i = 1; i <= n; ++i) {
22            int cnt = ___②___;
23            for (int j = 0; j <= 650; ++j) {
24                  int t = ___③___;
```

```
25                  if (nums[t])
26                          ____④____;
27            }
28            ____⑤____
29            ans += cnt;
30      }
31      printf("%lld\n", ans);
32      return 0;
33  }
```

38. ①处应该填（　　）。

A. s[i-1] a[i]

A. a[i]

B. s[i-1] ^ a[i]

C. s[i-1] + a[i]

D. s[i-1] - a[i]

39. ②处应该填（　　）。

A. i

B. 0

C. 1

D. nums[i]

40. ③处应该填（　　）。

A. j * j ^ s[i]

B. j * j

C. j ^ s[i]

D. j * s[i]

41. ④处应该填（　　）。

A. cnt --

B. cnt -= nums[t]

C. cnt += nums[t]

D. cnt ++

42. ⑤处应该填（　　）。

A. nums[i] ^= 1;

B. nums[s[i]] ^= 1;

C. nums[i]++;

D. nums[s[i]]++;

CSP-J 初赛模拟题（五）

入门级 C++ 语言试题

注意事项：

- 本试卷满分 100 分，时间 120 分钟。完成测试后，学生可在配套的“佐助题库”里提交自己的答案进行测评，查看分数和排名。
- 测评方式：登录“佐助题库”，点击“初赛测评”，输入 ID“1065”，密码为 123456。
- 没有“佐助题库”账号的读者，请根据本书“关于初赛检测系统”的介绍，免费注册账号。

一、选择题（共 15 题，每题 2 分，共计 30 分；每题有且仅有一个正确选项）

1. 十进制整数 -76 的二进制补码表示是（　　）。

A．01001100　　B．00111110　　C．11000010　　D．10110100

2. 网卡的主要功能包括（　　）。

A．实现数据的封装与解封　　B．通过数据包中的地址决定其如何传送

C．连接多个局域网形成更大的网络　　D．充当传播电信号的介质

3. 一棵二叉树有 7 个节点，编号分别为 A、B、C、D、E、F、G。其前序遍历得到的节点编号序列为 CAEFGDB，中序遍历得到的节点编号序列为 EAFGCBD，后序遍历得到的节点编号序列为（　　）。

A．ABCDEFG　　B．EDFGBAC　　C．EGFABDC　　D．DBFGEAC

4. 下列陈述中正确的是（　　）。

A．诺贝尔计算机奖是计算机界的最高奖项

B．世界上第一台电子计算机是 ENIAC

C．图灵是现代计算机理论之父

D．RAM 中的数据可能会在突发的断电后消失

5. 将 7 个相同的小球放到 3 个不同的盒子里，有（　　）种不同的放法。

A．21　　B．45　　C．38　　D．27

6. 现在有 N 个待排序的数，要求找到一个最坏情况下复杂度为 $O(N\log N)$ 且在不引入第二关键字的前提下稳定的排序算法，可以使用（　　）。

A．冒泡排序　　B．堆排序　　C．归并排序　　D．快速排序

7. 有两个布尔变量 a 和 b，下面 C++ 表达式中一定为真的是（　　）。

A．`b||!a&a|b`　　B．`a|b||!a&!b`　　C．`!(a|b)||!a&!b`　　D．`a&b||!a&b|a`

8. 考虑以下的程序段（其中所有变量都已声明为 int 类型），在该程序段执行之后，变量的值是（　　）。

```
a = 0;
b = ++a;
c = b++;
a = b = c;
```

A. a=1，b=2，c=2　　B. a=1，b=3，c=3

C. a=3，b=3，c=3　　D. a=1，b=1，c=1

9. 下列关于图论的陈述中，正确的是（　　）。

A. 一棵树可以没有叶子节点

B. 任意一张图都可以在线性时间内找到哈密顿回路

C. 在节点数目有限的简单图中，一个节点的度数可以无限大

D. 广度优先搜索算法需要使用队列

10. 存储 10000000 个 C++ 中的 int 类型变量需要的空间约为（　　）。

A. 40MB　　B. 40GB　　C. 80MB　　D. 80GB

11. 对于如下定义的函数 f，不正确的是（　　）。

```
int f(int x, int y){
    return y ? f(y, x % y) : x;
}
```

A. f(10,14) 等于 2

B. 对 int 范围内的正整数 y，f(0,y) 等于 y

C. 计算 f(15,27) 时，f 被调用了 5 次

D. 对 int 范围内的正整数 x 和 y，f(x,y) 不会大于 min(x,y)

12. 在 C++ 程序中，（　　）一定会导致编译错误。

A. 让某变量除以 0　　B. 访问数组中不存在的下标

C. 使用保留字作为变量名　　D. 死循环

13. 要解决背包问题，应该使用（　　）算法。

A. 动态规划　　B. 贪心　　C. 模拟　　D. 分治

14. 如果一个 3 位数的每个数码都是偶数，就认为这个 3 位数是“好的”。例如 246 和 804 是“好的”，而 871 和 236 不是“好的”。所有“好的”3 位数的总和是（　　）。

A. 44600　　B. 55500　　C. 46800　　D. 54400

15. 下列选项中不是 STL 容器的是（　　）。

A. vector　　B. splay　　C. stack　　D. queue

二、阅读程序（程序输入不超过数组或字符串定义的范围；判断题正确填√，错误填 ×；除特殊说明外，判断题每题 1.5 分，选择题每题 3 分，共计 40 分）

（一）阅读以下程序，完成相关题目。

```
01    #include <iostream>
02    using namespace std;
03    const double eps = 1e-4;
04    double a, b, c, d, l, r;
```

```
05    double f(double x){
06        return a * x * x * x + b * x * x + c * x + d;
07    }
08    void solve(double l, double r){
09        if (r - l <= eps){
10            cout << l << endl;
11            return;
12        }
13        double mid = (l + r) / 2;
14        if (f(mid) <= 0) solve(mid , r);
15        else solve(l, mid);
16    }
17    int main(){
18         cin >> a >> b >> c >> d;
19        if (a < 0){
20            a = -a;
21            b = -b;
22            c = -c;
23            d = -d;
24        }
25        for (l = 0; f(l) > 0; --l);
26        for (r = 0; f(r) < 0; ++r);
27         solve(l, r);
28        return 0;
29     }
```

- **判断题**

16. 该程序有可能陷入死循环。（　　）

17. 当输入为 1　2　0　−1 时，该程序的输出值 x 与 −1 的差的绝对值不超过 0.01。（　　）

18. 当输入为 14　5.6　−7.8　0 时，该程序的输出结果为 0。（　　）

19. `l` 和 `r` 可以都不为 0。（　　）

20. 倒数第 4 行可以改为 `while(f(r) < 0) ++r;`。（　　）

- **选择题**

21. 当输入为 1 −5 −4 20 时，程序会输出（　　）。

A. −2　　B. 某个接近 −2 但不等于 −2 的小数

C. 5　　D. 某个接近 5 但不等于 5 的小数

（二）阅读以下程序，完成相关题目。

```
01    #include <iostream>
02    using namespace std;
03    long long n;
04    bool check(long long x){
05        if (x <= 1) return false;
06        for (long long i = 2; i < x; i++)
07            if (x % i == 0)
```

```
08                  return false;
09          return true;
10      }
11      int main(){
12          cin >> n;
13          while (!check(n)) ++n;
14          cout << n << endl;
15          return 0;
16      }
```

- **判断题**

22. 当输入的 n 是 int 范围内的整数时，该程序可能陷入死循环。（　　）

23. check 函数中 for 语句的循环终止条件可以改成 i <= x / i。（　　）

24. 当输入的值为不同的负数时，输出的值也可能不同。（　　）

- **选择题**

25. （3.5 分）以下 4 项中不正确的是（　　）。

A. 如果输入是 int 范围内的整数，该程序的输出也会是 int 范围内的整数

B. 当输入 1 时，该程序会输出 2

C. 该程序输出的值一定大于输入的值

D. 计算 check(n) 的时间复杂度是 $O(n)$，经过优化后可以更低

26. 当输入 120 时，程序的输出是（　　）。

A. 123　　B. 121　　C. 129　　D. 127

27. 以下对程序的修改中，会影响输出结果的是（　　）。

A. 将 check 函数中的 for 循环语句改为 for (int i = 2; i * i <= x; i++)

B. 在 check 函数的 for 语句前加入一行：

if (x % 6 != 1 && x % 6 != 5 && x > 6) return false;

C. 将代码的第 13 行改为 for (; !check(n); n++)

D. 将 check 函数最后的 return true; 改为 return x;

（三）阅读以下程序，完成相关题目。

```
01      #include <iostream>
02      using namespace std;
03      const int N = 1005;
04      int n, m, cnt;
05      int mxx, mnx, mxy, mny, s;
06      bool a[N][N], vis[N][N];
07      void solve(int x, int y){
08      if (x < 1 || x > n || y < 1 || y > m || a[x][y] || vis[x][y])
09              return;
10          mxx = max(mxx, x);
11          mnx = min(mnx, x);
12          mxy = max(mxy, y);
13          mny = min(mny, y);
```

```
14          s++;
15          vis[x][y] = 1;
16          solve(x + 1, y);
17          solve(x - 1, y);
18          solve(x, y + 1);
19          solve(x, y - 1);
20      }
21      int main(){
22          cin >> n >> m;
23          for (int i = 1; i <= n; i++)
24              for (int j = 1; j <= m; j++){
25                  cin >> a[i][j];
26                  vis[i][j] = 0;
27              }
28          for (int i = 0; i <= n; ++i)
29              vis[i][0] = vis[i][m + 1] = 1;
30          for (int j = 0; j <= m; ++j)
31              vis[0][j] = vis[n + 1][j] = 1;
32          for (int i = 1; i <= n; i++)
33              for (int j = 1; j <= m; j++)
34                  if (!vis[i][j] && !a[i][j]){
35                      mxx = 0;
36                      mnx = n + 1;
37                      mxy = 0;
38                      mny = m + 1;
39                      s = 0;
40                      solve(i, j);
41                      if ((mxx - mnx + 1) * (mxy - mny + 1) == s)
42                          cnt++;
43                  }
44          cout << cnt << endl;
45          return 0;
46      }
```

- **判断题**

28. 该程序第 28 行至第 31 行的内容可以删去。（　　）

29. 该程序第 35 行至第 38 行的内容可以改写为 mxx=mnx=i,mxy=mny=j;。（　　）

- **选择题**

30. 如果该程序的输入为

6 6

0 0 0 1 1 0

1 0 1 0 0 1

1 1 0 1 1 1

0 0 1 0 0 0

1 1 1 0 0 0

0 1 1 0 0 0

那么它的输出是（　　）。

A. 6　　B. 7　　C. 5　　D. 8

31. （3.5 分）如果输入的 n 和 m 都等于 8，程序可能输出（　　）种不同的结果。

A. 30　　B. 32　　C. 36　　D. 40

32. 以下说法中不正确的是（　　）。

A. 该程序运行到最后，对于任意 i 和 j 满足 1 <= i <= n,1 <= j <= m 都有 vis[i][j]=!a[i][j]

B. 如果 n 为 5，m 为 7，该程序可能输出的最大值是 18

C. 该算法的时间复杂度为 $O(n^3)$

D. 第 26 行的 vis[i][j]=0 可以删去

33. 以下说法正确的是（　　）。

A. 该算法中函数的递归依靠系统栈完成

B. 该算法实现的功能不能依靠队列解决

C. 如果没有定义 vis 数组，程序依旧能输出正常结果，但效率会降低

D. mxx、mnx、mxy、mny 等变量可以在第 34 行之后声明为局部变量

三、完善程序（单选题，每小题 3 分，共计 30 分）

（一）（最大两子段和）有一长度为 *n* 的数列，现在要从中找出两个不重叠且不为空的连续子序列，使得其中元素之和最大。求最大的元素和，保证数组中元素的绝对值不大于 10000。

阅读以下程序，完成相关题目。

```
#include <iostream>
using namespace std;
const int N = 1e5 + 5;
const int M = 10000;
int n, sum, ans;
int a[N],f[N],g[N];
int main(){
    cin >> n;
    for (int i = 1; i <= n; i++)
        cin >> a[i];
    sum = 0;
    ___①___;
    for (int i = 1; i <= n; i++){
        sum += a[i];
        f[i] = max(sum, f[i - 1]);
        ___②___;
    }
    ___③___;
    for (int i = n; i >= 1; --i){
        sum += a[i];
```

```
        ④    ;
        if (sum < 0) sum = 0;
    }
    ⑤    ;
    for (int i = 1; i < n; i++)
        ans = max(ans, f[i] + g[i]);
    cout << ans << endl;
    return 0;
}
```

34. ①处应填（　　）。

A. f[n] = g[n] = -M　　B. f[0] = g[0] = -M

C. f[0] = g[n + 1] = -M　　D. f[0] = g[n] = -M

35. ②处应填（　　）。

A. sum = max(sum, 0)　　B. sum = min(sum, 0)

C. sum = max(sum, a[i])　　D. sum = min(sum, a[i])

36. ③处应填（　　）。

A. sum = 0　　B. sum = -M

C. g[n + 1] = - M　　D. g[n + 1] = 0

37. ④处应填（　　）。

A. g[i] = max(g[i + 1], sum);

B. g[i - 1] = max(g[i], sum);

C. g[i + 1] = max(g[i + 2], sum);

D. g[i] = sum

38. ⑤处应填（　　）。

A. ans = 0　　B. ans = - M

C. ans = -(M << 1)　　D. ans = a[1]

（二）（连通块计数）如果无向图中的两个点由一系列的首尾相接的边连接在一起，就称这两个点是连通的。无向图的一个连通块是一个点集，其中的点两两连通，且对于集合外的任意一个点，它都不与集合内的点连通。对一张有 n 个点和 m 条边的无向图，求其中的连通块数量。

阅读以下程序，完成相关题目。

```
#include <iostream>
#include <vector>
using namespace std;
const int N = 1e5 + 5;
int n, m, ans;
int vis[N], q[N];
vector<int>a[N];
void solve(int x){
    int f = 1, l = 1;
    q[f] = x;
    vis[x] = 1;
```

```
    while (___①___){
        ___②___;
        for (int i = 0, sz = a[u].size(); i < sz; i++){
            int v = a[u][i];
            if (!vis[v]){
                vis[v] = 1;
                ___③___;
            }
        }
    }
}
int main(){
    cin >> n >> m;
    for (int i = 1; i <= m; i++){
        int u, v;
        cin >> u >> v;
        a[u].push_back(v);
        ___④___;
    }
    for (int i = 1; i <= n; i++)
        if (___⑤___){
            solve(i);
            ans += 1;
        }
    cout << ans << endl;
    return 0;
}
```

39. ①处应填（　　）。

A. `f < l`　　B. `f > l`

C. `f <= l`　　D. `f >= l`

40. ②处应填（　　）。

A. `int u = q[f++]`　　B. `int u = q[++f]`

C. `u = q[f++]`　　D. `u = q[++f]`

41. ③处应填（　　）。

A. `q[++l] = u`　　B. `q[++l] = v`

C. `q[l++] = u`　　D. `q[l++] = v`

42. ④处应填（　　）。

A. `a[v].pop_back()`　　B. `a[v].push_back(u)`

C. `a[u].pop_back(u)`　　D. `a[v] = vector<int>()`

43. ⑤处应填（　　）。

A. `&vis[i]`　　B. `vis[i]`

C. `~vis[i]`　　D. `!vis[i]`

CSP-J 初赛模拟题（六）

入门级 C++ 语言试题

注意事项：

- 本试卷满分 100 分，时间 120 分钟。完成测试后，学生可在配套的“佐助题库”里提交自己的答案进行测评，查看分数和排名。
- 测评方式：登录“佐助题库”，点击“初赛测评”，输入 ID“1064”，密码为 123456。
- 没有“佐助题库”账号的读者，请根据本书“关于初赛检测系统”的介绍，免费注册账号。

一、选择题（共 15 题，每题 2 分，共计 30 分；每题有且仅有一个正确选项）

1. 以下十进制数字中，在二进制格式下小数部分有限的是（　　）。

A．9.8

B．10.125

C．3.255

D．125.4

2. 以下设备中，不是网络设备的是（　　）。

A．集线器

B．路由器

C．显示器

D．调制解调器

3. 关于二叉树的遍历，不正确的是（　　）。

A．可以用 DFS 遍历二叉树

B．如果知道二叉树的前序遍历和中序遍历，就可以求出后序遍历

C．如果知道二叉树的前序遍历和后序遍历，就可以求出中序遍历

D．如果知道二叉树的中序遍历和后序遍历，就可以求出前序遍历

4. 普林斯顿结构由（　　）提出。

A．冯·诺依曼

B．图灵

C．爱因斯坦

D．香农

5. 将 10 个相同的小球放到 6 个不同的盒子里，所有盒子都不能空着，有（　　）种不同的

放法。

A. 3003　　B. 145

C. 582　　D. 126

6. 使用 `scanf` 函数读入一个 `int` 范围内的整数 `a`，正确的实现是（　　）。

A. `scanf("%c",&a)`　　B. `scanf("%d",&a)`

C. `scanf("%d",a)`　　D. `scanf("%c",a)`

7. 有两个值为 0 的 `int` 变量 `a` 和 `b`，下面 C++ 表达式中值最大的是（　　）。

A. `(++a)+(b--)`　　B. `(a++)+(b++)`

C. `(++a)+(--b)`　　D. `(--a)+(b++)`

8. 有 n 个待排序的数存储在长度为 n 的数组中，要求排序算法在该数组之外只能有 $O(1)$ 的额外空间开销，即只能定义少量（且具体数量与 n 无关）的辅助变量。满足条件的排序算法是（　　）。

A. 快速排序　　B. 堆排序

C. 归并排序　　D. 希尔排序

9. 一份含有错误的 C++ 代码也可能在某些时候正常运行并输出正确的结果。在下列 4 种情况中，程序可能正常运行并输出正确结果的是（　　）。

A. 数组访问越界　　B. 无限递归

C. 调用不存在的函数　　D. 使用保留字作为变量名

10. 7 双不同颜色的袜子，从中随机抽取两只恰好能凑成一对的概率为（　　）。

A. 1/13　　B. 1/7

C. 2/13　　D. 3/14

11. 5 个同学围成一圈，一共有（　　）种不同的方案。

A. 48　　B. 72

C. 120　　D. 24

12. 某同学编写了一个小程序，其中的字符以 16×16 的点阵字模显示，点阵中每个点只有两种状态。字模 'A' 和 ' 复 ' 分别占用（　　）字节。

A. 64、32　　B. 64、64

C. 32、32　　D. 32、64

13. 一个两位数，十位上的数码为 x，个位上的数码为 y（$0< x \leqslant 9, 0 \leqslant y \leqslant 9$），那么这个两位数的值等于（　　）。

A. $(x<<3)+(x<<1)+y$　　B. $x<<3+x<<1+y$

C. $(x<<10)+y$　　D. $x<<10+y$

14. 一个循环队列的下标范围是 $1 \sim N$，且队列为空时队首和队尾的下标相等。队首的下标为 l，队尾的下标为 r，队列里一共有（　　）个元素。

A. r–l　　B. r–l+1

C. (r–l+N)%(N+1)　　D. (r–l+N)%N

15. 下列不属于操作系统的是（　　）。

A. Adobe　　B. Windows

C. UNIX　　　　　　　　　　　　　　D. Android

二、阅读程序（程序输入不超过数组或字符串定义的范围；判断题正确填√，错误填 ×；除特殊说明外，判断题每题 1.5 分，选择题每题 3 分，共计 40 分）

（一）阅读以下程序，完成相关题目。

```
01    #include <iostream>
02    #include <cstdio>
03    using namespace std;
04    int read(){
05        char ch = 0;
06        int flag = 0, n = 0;
07        while ((ch > '9' || ch < '0') && ch != '-')
08            ch = getchar();
09        if (ch == '-'){
10            ch = getchar();
11            flag = 1;
12        }
13        while (ch <= '9' && ch >= '0'){
14            n = n * 10 + ch - '0';
15            ch = getchar();
16        }
17        return flag?(-n):n;
18    }
19    int main(){
20        int a = read(), b = read(), c = read();
21        if (a >= b + c)
22            return cout << "NO" << endl, 0;
23        cout << a + b + c << endl;
24        return 0;
25    }
```

- **判断题**

16. read 函数中第 3 行的 while 语句可以改为 `while (ch > '9' || ch < '0' && ch != '-')`。（　　）

17. read 函数末尾的 return 语句可以改为 `return flag?-n:n;`。（　　）

18. 当输入为 100 50 60 时，该程序的输出结果为 210。（　　）

19. 如果输入一个不含数字的字符串，该程序一定不会产生任何输出。（　　）

20. 该程序的输出可能包含两行内容。（　　）

- **选择题**

21. 当输入为 V_Y^UU55*xp-abc33 99@$& 时，程序会输出（　　）。

A. 187　　　　　　　　　　　　　　B. NO

C. 两行，第一行 NO，第二行 187　　D. 121

（二）阅读以下程序，完成相关题目。

```
01    #include <iostream>
02    using namespace std;
03    const int N = 1005;
04    int n, m;
05    int a[N], b[N];
06    int main(){
07        cin >> n;
08        for (int i = 1; i <= n; i++)
09            cin >> a[i];
10        for (int i = 1; i <= n; i++)
11            for (int j = i + 1; j <= n; j++)
12                if (a[i] > a[j]) swap(a[i], a[j]);
13        m = 0;
14        for (int i = 1; i <= n; i++)
15            if (i == 1 || a[i] != a[i - 1])
16                b[++m] = a[i];
17        cout << m;
18        for (int i = 1; i <= m; i++)
19            cout << ' ' << b[i];
20        cout << endl;
21    }
```

- **判断题**

22. m 一定不会大于 n。（   ）

23. 第 11 行循环的初始条件可以改为 j=i。（   ）

24. m 不可能等于 0。（   ）

- **选择题**

25. （3.5 分）在以下的修改中，会对程序输出产生影响的是（   ）。

A．删去 13 行的 m=0

B．将 16 行的 ++m 改为 m=m+1

C．将 12 行的 swap(a[i], a[j]) 改为 a[i] ^= a[j] ^= a[i] ^= a[j]

D．将 15 行分支条件中的 i == 1 去掉

26. 当输入 10 20 40 32 67 40 20 89 300 400 15 时，程序的输出是（   ）。

A．10 15 20 20 32 40 40 67 89 300 400

B．15 20 20 32 40 40 67 89 300 400

C．15 20 32 40 67 89 300 400

D．8 15 20 32 40 67 89 300 400

27. 以下 4 项中正确的是（   ）。

A．该算法的复杂度瓶颈在读入和输出

B．该算法的时间复杂度可以优化至 $O(n)$

C．该算法的时间复杂度为 $O(n^2)$

D．该算法实现的功能不能通过 STL 中的函数实现

（三）阅读以下程序，完成相关题目。

```
01    #include <iostream>
02    using namespace std;
03    int f(int x, int y){
04        if (x == 0) return 1;
05        if (y >= x) return 0;
06        return f(x, y + 1) + f(y, 0) * f(x - y - 1, 0);
07    }
08    int main(){
09        int n;
10        cin >> n;
11        cout << f(n, 0) << endl;
12        return 0;
13    }
```

- **判断题**

28. 输入的 n 应该是正整数，如果输入负数的话程序会崩溃。（　　）

29. 当输入的 n 等于 1 时，函数 f 一共被调用 4 次。（　　）

30. 当输入的 n 等于 2 时，程序输出的结果为 2。（　　）

- **选择题**

31. （3.5 分）当输入的 n 等于 5 时，程序输出的结果为（　　）。

A. 34　　B. 42

C. 55　　D. 29

32. （3.5 分）下面 4 项中正确的是（　　）。

A. 该算法的时间复杂度为 $O(n^2)$

B. 将 f 函数中两个 if 语句的顺序调换，不会影响输出结果

C. f 函数被调用时，y 的值不可能是负数

D. 对于两个不大于 10 的非负整数 x 和 y，如果 x<y，那么 f(x,0)<f(y,0)

33. （4 分）当输入的 n 等于 10 时，函数 f 被调用的次数为（　　）。

A. 74275　　B. 91612

C. 73862　　D. 88573

三、完善程序（单选题，每小题 3 分，共计 30 分）

（一）（传球方案计数）有 *n* 个同学站成一圈，顺时针从 1 ~ *n* 编号，编号为 1 的同学与编号为 *n* 的同学相邻。每个同学可以把球传给和自己相邻的同学。最开始球在 1 号同学手上，求经过 *m* 次传球之后球回到 1 号同学手里的方案数，用该答案对 1000000007 取模。

阅读以下程序，完成相关题目。

```
#include <iostream>
using namespace std;
const int N = 105;
const int M = 1e5 + 5;
const int Mod = 1e9 + 7;
```

```
int n, m;
int pre[N], nxt[N];
int f[M][N];
int main(){
    cin >> n >> m;
    for (int i = 1; i <= n; i++)
        pre[i] = ___①___;
    for (int i = 1; i <= n; i++)
        nxt[i] = ___②___;
    ___③___;
    for (int i = 1; i <= m; ++i)
        for (int j = 1; j <= n; ++j){
            if (___④___)
                continue;
            f[i][nxt[j]] += f[i - 1][j];
            if (f[i][nxt[j]] >= Mod)
                f[i][nxt[j]] -= Mod;
            f[i][pre[j]] += f[i - 1][j];
            if (f[i][pre[j]] >= Mod)
                f[i][pre[j]] -= Mod;
        }
    cout << ___⑤___ << endl;
    return 0;
}
```

34. ①处应填（　　）。

A. `(i + n - 2) % n + 1`

B. `(i + n - 1) % n`

C. `(i + n) % (n + 1)`

D. `(i - 1) % n`

35. ②处应填（　　）。

A. `(i + 1) % (n + 1)`

B. `(i - 1) % n + 1`

C. `i % n + 1`

D. `(i + 1) % n`

36. ③处应填（　　）。

A. `f[0][1] = 1`

B. `f[1][0] = 1`

C. `memset(f, 0, sizeof(f))`

D. `memset(f, 255, sizeof(f))`

37. ④处应填（　　）。

A. `i == m`

B. `!f[i - 1][j]`

C. `j == n`

D. `~f[i - 1][j]`

38. ⑤处应填（　　）。

A. `f[n][m]`

B. `f[m][n]`

C. `f[1][m]`

D. `f[m][1]`

（二）（极大点问题）对于二维平面上的两个点 $(x1,y1)$ 和 $(x2,y2)$，如果 $x1 \leqslant x2$ 且 $y1 \leqslant y2$，则认为 $(x1,y1)$ 小于 $(x2,y2)$。现在二维平面上有 n 个点，如果一个点不小于其他任何一个点，就认为它是一个极大点。求出所有的极大点，并按照 x 坐标从小到大的顺序输出（如果 x 坐标相等则按照 y 坐标从小到大输出）。

阅读以下程序，完成相关题目。

```
#include <iostream>
using namespace std;
const int N = 105;
int n;
struct point{
    int x, y;
}a[N], b[N];
bool check(int x, int y, int id){
    for (int i = 1; i <= n; i++)
        if (___①___)
            return false;
    return true;
}
int main(){
    cin >> n;
    for (int i = 1; i <= n; i++)
        cin >> a[i].x >> a[i].y;
    ___②___;
    for (int i = 1; i <= n; i++)
        if (check(a[i].x, a[i].y, i))
            ___③___;
    for (int i = 1; i < m; i++)
        for (int j = ___④___; j <= m; j++)
            if (___⑤___)
                swap(b[i], b[j]);
    cout << m << endl;
    for (int i = 1; i <= m; i++)
        cout << b[i].x << ',' << b[i].y << endl;
    return 0;
}
```

39. ①处应填（　　）。

A. `a[i].x >= x && a[i].y >= y`

B. `id != i && a[i].x >= x && a[i].y >= y`

C. `id != i && (a[i].x >= x || a[i].y >= y)`

D. `id != i || a[i].x >= x && a[i].y >= y`

40. ②处应填（　　）。

A. `int m`

B. `m = -1`

C. `m = 0`

D. `int m = 0`

41. ③处应填（　　）。

A. `b[m] = a[i]`

B. `b[++m] = a[i]`

C. `b[m++] = a[i]`

D. `b[m] = a[i],++m`

42. ④处应填（　　）。

A. `1`

B. `0`

C. `i + 1`

D. `i - 1`

43. ⑤处应填（　　）。

A. `b[i].x > b[j].x || (b[i].x == b[j].x && b[i].y > b[j].y)`

B. `b[i].x > b[j].x`

C. `b[i].x > b[j].x || b[i].y > b[j].y`

D. `b[i].x > b[j].x && b[i].y > b[j].y`

CSP-J 初赛模拟题（七）

入门级 C++ 语言试题

注意事项：

- 本试卷满分 100 分，时间 120 分钟。完成测试后，学生可在配套的“佐助题库”里提交自己的答案进行测评，查看分数和排名。
- 测评方式：登录“佐助题库”，点击“初赛测评”，输入 ID“1063”，密码为 123456。
- 没有“佐助题库”账号的读者，请根据本书“关于初赛检测系统”的介绍，免费注册账号。

一、选择题（共 15 题，每题 2 分，共计 30 分；每题有且仅有一个正确选项）

1. 在计算机系统中，CPU 通过（　　）来访问主存中的数据或指令。

A．数据线　　B．控制线　　C．地址线　　D．电源线

2. 解释器的作用是（　　）。

A．一次性将源代码编译成机器代码

B．在程序运行时逐行将源代码转换为机器代码

C．优化计算机的内存管理

D．提高程序的执行速度

3. 给定 a=false, b=false, c=true，以下逻辑表达式的值为 false 的是（　　）。

A．$(a \land b) \lor c$　　B．$c \lor (a \land b)$

C．$(a \lor c) \land (b \lor c)$　　D．$(a \lor b) \land c$

4. 假设你有一张分辨率为 1280 像素 ×720 像素的 24 位真彩色图像。请问要存储这张图像，大约需要（　　）存储空间。

A．2.76MB　　B．2.64MB　　C．1.38MB　　D．5.49MB

5. 在一次选择排序过程中，对 n 个元素的数组进行排序，单次遍历最多需要交换（　　）次。

A．1　　B．n　　C．$n-1$　　D．0

6. 考虑以下的递归函数 PQR，它是对一组实数 B 的数组进行操作：

```
PQR (B[1..m])
1.  if m=1 then return B[1]
2.  else temp ← PQR (B[1..m-1])
3.  if temp > B[m]
4.  then return temp
```

```
5.  else return B[m]
```

函数 PQR 的输出是（　　）。

A．B 数组的平均值　　B．B 数组的最小值
C．B 数组的中值　　D．B 数组的最大值

7. 在 C++ 中，（　　）标准库容器不允许直接通过索引访问任意位置的元素。

A．vector　　B．deque　　C．list　　D．array

8. 在一个无向图中，有 15 个顶点。为了确保这个图是连通的，至少需要（　　）条边。

A．14　　B．15　　C．16　　D．17

9. 二进制数 1101 转换成十进制数是（　　）。

A．12　　B．13　　C．14　　D．15

10. 8 个学生并排站成一列，其中有 3 个学生是三胞胎，如果要求这个三胞胎必须位置相邻，则有（　　）种不同的排列方法。

A．720　　B．1440　　C．2880　　D．4320

11. 不能维护先进先出数据的数据结构是（　　）。

A．栈　　B．队列　　C．列表　　D．双向队列

12. 一个完全二叉树有 127 个节点。这棵树的高度是（　　）。

A．6　　B．7　　C．8　　D．9

13. 干支纪年法是中国传统的纪年方法，由 10 个天干和 12 个地支组合成 60 个天干地支。由公历年份可以根据以下公式和表格换算出对应的天干地支。

天干 =（公历年份）除以 10 所得余数

地支 =（公历年份）除以 12 所得余数

天干	甲	乙	丙	丁	戊	己	庚	辛	壬	癸		
	4	5	6	7	8	9	0	1	2	3		
地支	子	丑	寅	卯	辰	巳	午	未	申	酉	戌	亥
	4	5	6	7	8	9	10	11	0	1	2	3

2024 年的天干地支是（　　）。

A．丁申　　B．丁辰　　C．甲申　　D．甲辰

14. 15 个相同的奖品要分配给 10 个不同的小组，每个小组至少得到一个奖品。问有（　　）种不同的分配方案。

A．136　　B．1001　　C．3876　　D．2002

15. 有 6 副不同颜色的手套（共 12 只手套，每副手套左右手各 1 只），一次性从中取出 8 只手套，恰好能配成 3 副手套的不同取法有（　　）种。

A．120　　B．240　　C．360　　D．480

二、阅读程序（程序输入不超过数组或字符串定义的范围；判断题正确填 √，错误填 ×。除特殊说明外，判断题每题 1.5 分，选择题每题 3 分，共计 40 分）

（一）阅读以下程序，完成相关题目。

```
#include <iostream>
```

```
#include <vector>
#include <algorithm>

void fillVector(std::vector<int>& vec) {
    for(int i = 1; i <= 10; ++i) {
        veC. push_back(i * i);
    }
}
void replaceOdds(std::vector<int>& vec) {
     std::replace_if(veC. begin(), veC. end(), [](int x){ return x %
2 != 0; }, -1);
}

int main() {
    std::vector<int> numbers;
    fillVector(numbers);
    replaceOdds(numbers);

    for(auto num : numbers) {
        std::cout << num << " ";
    }
    std::cout << std::endl;
    return 0;
}
```

- **判断题**

16. （1 分）程序使用了 lambda 表达式来识别并替换向量中的奇数元素。（　　）

17. 函数 `fillVector` 和 `replaceOdds` 都通过值传递需要传入的向量。（　　）

18. 在执行完 `replaceOdds` 函数后，向量 `numbers` 中将不包含任何奇数值（忽略 –1）。（　　）

- **选择题**

19. `std::replace_if` 函数的作用是（　　）。

A. 删除向量中满足特定条件的所有元素

B. 替换向量中满足特定条件的所有元素为指定的值

C. 仅在找到第一个满足条件的元素时停止搜索

D. 计算向量中满足条件的元素数量

20. 如果要增加向量中的元素总数，应该通过（　　）来修改 `fillVector` 函数。

A. 增加循环的终止条件

B. 增加循环的起始值

C. 在循环体中增加 `veC.pop_back()` 调用

D. 在循环体中减少 `veC.push_back()` 调用

21. 在执行完 `main` 函数中的所有操作后，向量 `numbers` 中第一个元素的值是（　　）。

A. 1　　B. –1　　C. 2　　D. 0

（二）阅读以下程序，完成相关题目。

```
#include <iostream>
#include <vector>
int main() {
    std::vector<unsigned int> numbers = {255, 102, 178, 199, 65};
    std::vector<unsigned int> masks = {128, 64, 32, 16, 8, 4, 2, 1};
    std::vector<unsigned int> results;
    for (auto num : numbers) {
        unsigned int count = 0;
        for (auto mask : masks) {
            if ((num & mask) != 0) {
                ++count;
            }
        }
        results.push_back(count);
    }
    for (auto result : results) {
        std::cout << result << " ";
    }
    std::cout << std::endl;
    return 0;
}
```

假设无论如何修改 numbers 数组，其中值不会超过 2^8-1，完成下面的判断题和选择题。

- **判断题**

22. 程序计算并输出 numbers 数组中每个数字二进制表示中 '1' 的数量。（　　）

23. 如果更改 numbers 数组为 {255, 0, 128, 64, 32}，程序的输出将是 7 0 1 1 1。（　　）

24. 在上述程序中，变量 masks 用于检测每个数字特定位上的值是否为 1。（　　）

- **选择题**

25. 如果想要统计 numbers 数组中每个数字二进制表示中 '0' 的数量，不能（　　）来修改程序。

A. 通过反转每个 numbers 数组中的二进制表示然后应用现有逻辑

B. 在内部循环中，改为如果 (num & mask) == 0，则增加 count

C. 使用函数 unsigned int f(unsigned int x) { return ~x; } 将 masks 数组中的每个值取反

D. 在统计完成后，用 8 减去 count 的值

26. 下列关于代码中的 masks 数组的说法，正确的是（　　）。

A. 它包含了数据范围内所有数字可能拥有的单一位二进制数

B. 它是一个包含随机数的数组，用于生成二进制掩码

C. 每个元素都是前一个元素的二倍

D. 数组的每个元素都代表一个有效的 ASCII 字符

27. 如果要增加一个新数字 50 到 numbers 数组中并重新运行程序，50 在 result 中对应位

置的值是（　　）。

A. 2　　B. 3　　C. 4　　D. 5

（三）阅读以下程序，完成相关题目。

```
#include <iostream>
#include <vector>
#include <algorithm>
using namespace std;

struct Email {
    int arr; // 邮件到达时间
    int pro; // 邮件处理时间
};
bool cmp(const Email& a, const Email& b) {
    return a.arr < b.arr;
}
int main() {
    vector<Email> emails;
    int n;
    cin >> n;
    for (int i = 0; i < n; i++) {
        int arr, pro;
        cin >> arr >> pro;
        emails.push_back({arr, pro});
    }
    sort(emails.begin(), emails.end(), cmp);
    int cur = 0, ans = 0;

    for (int i = 0; i < n; i++) {
        Email email = emails[i];
        if (cur < email.arr) cur = email.arr;
        cur += email.pro;
        ans += cur - email.arr;
    }

    cout << 1.0 * ans / n << endl;
    return 0;
}
```

- **判断题**

28. 如果所有邮件同时到达，平均等待时间将等于处理时间的总和除以邮件数量。（　　）

29. 程序考虑了邮件到达的先后顺序以最小化处理时间。（　　）

30. 该代码实现的邮件服务器同时只能处理一封邮件。（　　）

- **选择题**

31. 在程序中，cur 变量的更新逻辑是（　　）。

A. 每当新邮件到达时，cur 被设置为该邮件的到达时间

B. cur 在每封邮件处理完毕后更新为邮件的处理结束时间

C. 只有当 i 等于 n-1 时，cur 才会更新

D. cur 始终等于当前考虑的最后一封邮件的 arr + pro

32. 按照代码逻辑，输入 5 5 1 2 4 9 10 3 7 14 2，输出是（　　）。

A. 50　　B. 26　　C. 24　　D. 10

33. 为了减少邮件的平均等待时间，（　　）不一定有效。

A. 把所模拟的邮件服务器改进为可以同时处理两个邮件

B. 随机打乱邮件的处理顺序

C. 提高服务器处理效率，每封邮件处理时间变为 pro / 2

D. 对于同时到达的邮件，优先处理处理时间短的邮件

三、完善程序（单选题，每小题 3 分，共计 30 分）

（一）（质因数分解）在数论中，任何一个大于 1 的自然数 N，都可以写成几个质数的乘积，这几个质数就称为 N 的质因数。例如，20 的质因数分解为 $2\times2\times5$。这个性质对于加密算法和数据安全有着重要的应用。现在，你的任务是编写一个程序，对任意给定的正整数 N，找出它的所有质因数，并按照从小到大的顺序输出，输出之间不换行。

阅读以下程序，完成相关题目。

```
#include <iostream>
#include <vector>
using namespace std;

void findPrimeFactors(int n) {
    vector<int> factors;
    for (int i = 2; i * i <= n; ___①___) {
        while (n % i == 0) {
            factors.push_back(i);
            n /= i;
        }
    }
    if (n > 1) {
        ___②___;
    }
    for (int i = 0; i < factors.size(); ___③___) {
        ___④___;
        while (i + 1 < factors.size() && ___⑤___) {
            i++;
        }
    }
}
int main() {
    int N;
    cin >> N;
```

```
    findPrimeFactors(N);
    return 0;
}
```

34. ①处应填（　　）。

A. i++　　B. i *= 2　　C. i += 2　　D. i--

35. ②处应填（　　）。

A. factors.push_back(n)　　B. n /= 2

C. cout << n << " "　　D. return

36. ③处应填（　　）。

A. i++　　B. i += i　　C. i += 2　　D. i--

37. ④处应填（　　）。

A. cout << factors[i] << " "　　B. factors.erase(factors.begin() + i)

C. cout << factors[i] << endl　　D. return

38. ⑤处应填（　　）。

A. factors[i]　　B. factors[i] == factors[i + 1]

C. factors[i] <= factors[i + 1]　　D. factors[i + 1]

（二）（任务调度优化）在一个计算中心，有 *n* 个任务需要被调度在一台机器上执行。每个任务都有一个开始时间 start[i]、一个结束时间 end[i] 和一个收益 profit[i]。任务调度的目标是选择一些任务执行，使得收益最大化。任务之间不能重叠，即如果选择了任务 i，则所有与任务 i 时间上重叠的任务都不能选择（即任意 i 和 j 需要满足 start[i] > end[j] 或者 start[j] > end[i]）。

阅读以下程序，完成相关题目。

```
#include <iostream>
#include <vector>
#include <algorithm>
using namespace std;

struct Job {
    int start, end, profit;
};

bool jobCompare(const Job& a, const Job& b) {
    return___①___;
}
int findMaxProfit(vector<Job>& jobs) {
    sort(jobs.begin(), jobs.end(), jobCompare);
    vector<int> dp(jobs.size());
    dp[0] = jobs[0].profit;
    for (int i = 1; i < jobs.size(); i++) {
        int inclProf = jobs[i].profit;
        int maxNonConflict = -1;
        for (int j = i - 1; j >= 0; j-) {
```

```
                if (jobs[j].end < jobs[i].start) {
                    maxNonConflict = ___②___;
                }
            }
            if (maxNonConflict != -1) {
                inclProf +=___③___;
            }
            dp[i] = max(inclProf,___④___);
        }
        return___⑤___;
    }

    int main() {
        int n;
        cin >> n;
        vector<Job> jobs(n);
        for (int i = 0; i < n; i++) {
            cin >> jobs[i].start >> jobs[i].end >> jobs[i].profit;
        }
        cout << findMaxProfit(jobs) << endl;
        return 0;
    }
```

39. ①处应填（　　）。

A. a. start < b. start　　B. a. start > b. start

C. a. end > b. end　　D. a. end < b. end

40. ②处应填（　　）。

A. j　　B. dp[j-1]

C. dp[j]　　D. max(maxNonConflict, dp[j])

41. ③处应填（　　）。

A. maxNonConflict　　B. dp[maxNonConflict]

C. dp[i] - jobs[i].profit　　D. dp[i] + jobs[i].profit

42. ④处应填（　　）。

A. dp[i - 1]　　B. jobs[i].profit

C. maxNonConflict　　D. inclProf

43. ⑤处应填（　　）。

A. dp.begin()　　B. dp.back()

C. dp[0]　　D. jobs.size()

CSP–J 初赛模拟题（八）

入门级 C++ 语言试题

注意事项：

- 本试卷满分 100 分，时间 120 分钟。完成测试后，学生可在配套的“佐助题库”里提交自己的答案进行测评，查看分数和排名。
- 测评方式：登录“佐助题库”，点击“初赛测评”，输入 ID“1062”，密码为 123456。
- 没有“佐助题库”账号的读者，请根据本书“关于初赛检测系统”的介绍，免费注册账号。

一、选择题（共 15 题，每题 2 分，共计 30 分；每题有且仅有一个正确选项）

1. 在 8 位二进制补码中，10101011 表示的数是十进制下的（　　）。

A．43　　B．–85　　C．–43　　D．–84

2. 计算机网络中数据传输速率通常用（　　）表示。

A．bit　　B．Byte　　C．Mbps　　D．Word

3. 在计算机网络中，（　　）协议主要用于网页浏览。

A．FTP　　B．HTTP　　C．SMTP　　D．SNMP

4. 分辨率为 1024 像素 ×768 像素的 24 位色的位图，存储图像信息所需的空间为（　　）。

A．2304KB　　B．5760KB　　C．3072KB　　D．9216KB

5. 计算机技术最初是为了解决（　　）问题而发展起来的。

A．天气预报　　B．商业会计　　C．数值计算　　D．文字处理

6. 下列编程语言中（　　）主要用于过程式编程而不是面向对象编程。

A．Python　　B．Ruby　　C．C　　D．Swift

7. IOI 的中文名称是（　　）。

A．国际学生科学奥林匹克竞赛

B．国际中学生数学奥林匹克竞赛

C．国际中学生信息学奥林匹克竞赛

D．国际信息学奥林匹克竞赛

8. 如果 2023 年 1 月 1 日是星期日，那么 1995 年 1 月 1 日是（　　）。

A．星期六　　B．星期日　　C．星期一　　D．星期五

9. 从 5 门课程中，甲选修 2 门，乙选修 3 门，丙也选修 3 门（每门课程可被多人选修），则不同的选修方案共有（　　）种。

A．100　　B．200　　C．500　　D．1000

10. 在一个有 p 个顶点、q 条边的连通无向图中，为了使该图变成一棵树，必须删去（　　）条边。

A．$q-p+1$　　B．$q-p$　　C．$q+p+1$　　D．$p-q+1$

11. 给定序列 $\{b_k\}$，我们把 (i, j) 称为逆序对当且仅当 $i < j$ 且 $b_i > b_j$。那么序列 4, 3, 2, 6, 1 的逆序对数为（　　）个。

A．6　　B．7　　C．8　　D．9

12. 给定表达式 x / (y – z) + w 的后缀形式是（　　）。

A．xyz–/w+　　B．xyz/–w+　　C．xy/z–w+　　D．yz–x/w+

13. 向一个队尾指针为 rear 的链式队列中插入一个指针 node 指向的节点时，正确的操作是（　　）。

A．rear->next = node; rear = node;

B．node->next = rear; rear = node;

C．node->next = rear->next; rear->next = node;

D．rear = node; node->next = rear;

14. 假设串 T = "information"，其子串的个数（包括空串和本身）是（　　）。

A．66　　B．78　　C．120　　D．67

15. 十进制小数 9.25 对应的二进制数是（　　）。

A．1001.01　　B．1001.10　　C．1001.001　　D．1010.01

二、阅读程序（程序输入不超过数组或字符串定义的范围；判断题正确填 √，错误填 ×。除特殊说明外，判断题每题 1.5 分，选择题每题 3 分，共计 40 分）

（一）阅读以下程序，完成相关题目。

```
#include <iostream>
#include <vector>
using namespace std;

class TrafficLight {
private:
    int r, g, y, total; // r g y 表示红，绿，黄三种指示灯
    vector<int> c;

public:
    TrafficLight(int r, int g, int y) : r(r), g(g), y(y) {
        total = r + g + y;
    }
    void simulate(int minutes) {
        c.assign(total, 0);
        for (int i = 0; i < g; ++i) {
            c[r + i] = 10;
        }

        int ans = 0;
```

```
            for (int i = 0; i < minutes; ++i) {
                ans += c[i % total];
            }
             cout << "Total cars passed in " << minutes << " minutes: "
<< ans << endl;
        }
    };

    int main() {
        int r, g, y, n;
        cin >> r >> g >> y >> n;
        TrafficLight light(r, g, y);
        light.simulate(n);
        return 0;
    }
```

假设 $0 \leqslant r, g, y \leqslant 10000$; $0 \leqslant n \leqslant 1000000$, 四者表示时间且单位相同，完成下面判断题和选择题。

- **判断题**

16. （1 分）无论如何修改 y，只要 n 和 r+g+y 均不变，输出保持不变。（　　）

17. 假设用 [1,n] 代表该模拟程序的时间轴，则时刻为 1 的时候一定是红灯。（　　）

18. 如果某个十字路口的红绿灯调度方案会随时间的变化而变化（比如早高峰时绿灯更长，其他时间红灯更长），那么可以通过计算出两种调度方案的总时间 n1 和 n2（$n1 + n2 = 3600 \times 24$），并使用两个 TrafficLight 实例 light1 和 light2 调用对应的 light1.simulate(n1) 和 light2.simulate(n2) 得到一天的总车流量。（　　）

- **选择题**

19. 通过（　　）来修改 TrafficLight 类，以便在红灯期间也允许每分钟通过一定数量的车辆。

A．在 c 的初始化循环中为 r 期间的每一分钟也分配一个非零值

B．将 r 的值设置为 0

C．增大 n 的输入

D．将计算出的 ans 乘以 2

20. 仔细思考代码内容，以下 4 个命题中错误的是（　　）。

A．代码隐含假设绿灯每单位时间通过 10 辆车

B．答案不一定为 10g 的倍数

C．单次调用 light.simulate(n) 的复杂度为 $O(n)$

D．r、g、y 表示长度为 n 的整个模拟周期内的红、绿、黄灯总时间

21. 输入 r 为 2，g 为 3，y 为 1，n 为 1000，得到的结果是（　　）。

A．4980　　B．5000　　C．5010　　D．4990

（二）阅读以下程序，完成相关题目。

```
#include <iostream>
#include <algorithm>
using namespace std;
```

```
const int N = 100;
const int Q = 3;
struct Customer {
    int arr, pro;
} c[N];

bool cmp(const Customer& a, const Customer& b) {
    return a. arr == b. arr ? a. pro < b. pro : a. arr < b. arr;
}
int q[Q];
int n;

int main() {
    cin >> n;
    for (int i = 0; i < n; ++i) {
        int a, p;
        cin >> a >> p;
        c[i] = {a, p};
    }
    sort(c, c + n, cmp);
    for (int i = 0; i < n; ++i) {
        int minT = q[0], minI = 0;
        for (int j = 1; j < Q; ++j) {
            if (q[j] < minT) {
                minT = q[j];
                minI = j;
            }
        }
        q[minI] = max(q[minI], c[i].arr) + c[i].pro;
    }
    int ans = 0;
    for (int i = 0; i < Q; ++i) ans += q[i];
    cout << 1.0 * ans / n << endl;
    return 0;
}
```

假设题目中的任何数值运算均不会超过 int 类型的范围，n < N，完成下面的判断题和选择题。

- **判断题**

22. 改变 N 为 100000，程序依然能够运行。（ ）

23. 删除 cmp 函数变量定义中的 & 不影响正确性。（ ）

24. Q > n 时可以用时间复杂度为 $O(n)$ 的算法得到同样的输出。（ ）

- **选择题**

25. 输入为 5 1 2 2 5 4 1 5 3 6 4 时，输出为（ ）。

A. 3　　B. 4　　C. 5　　D. 6

26. 输入为 5 1 2 2 5 4 1 5 3 6 4 时，最终 q[i] 中最大的是（　　）。

A．i=0　　B．i=1　　C．i=2　　D．全部相同

27. 以下措施中，对算法分析正确的是（　　）。

A．删掉 sort(c, c + n, cmp) 不会影响答案

B．将 q[j] < minT 改为 q[j] > minT 后程序依然能执行结束

C．改变 Q 的大小一定会影响最后输出的答案

D．将 max(q[minI], c[i].arr) 替换为 c[i].arr，答案会变大

（三）阅读以下程序，完成相关题目。

```
#include<iostream>
using namespace std;

void exgcd(int a, int b, int &x, int &y) {
    if (b == 0) {
        x = 1;
        y = 0;
        return;
    }
    exgcd(b, a % b, x, y);
    int temp = x;
    x = y;
    y = temp - (a / b) * y;
}

int main() {
int a, b, x, y;
cin >> a >> b;
    exgcd(a, b, x, y);
    cout << "x=" << x << ", y=" << y << endl;
    return 0;
}
```

- **判断题**

28. 以上示例代码可以用来求解两个整数的最大公约数。（　　）

29. 在上述程序中，如果 a = 48 和 b = 18，则计算得到的 x 和 y 一定满足方程 48x + 18y = 6。（　　）

30. 扩展欧几里得算法总是会修改传入的 x 和 y 参数的值。（　　）

- **选择题**

31. 当 a = 0 和 b = 0 时，该算法的行为是（　　）。

A．函数进入无限递归

B．函数返回 x = 0 和 y = 0

C．函数返回 x = 1 和 y = 0

D．上述代码中没有处理这种情况，行为未定义

32. 该算法的递归基（即递归终止条件）是（　　）。

A．a%b==0　　B．b==0　　C．a==b　　D．a==0

33. 忽略给出的程序本身，任意实现的 exgcd 算法可以输出的 x 和 y 值对于任意 a 和 b 的取值是唯一确定的吗？理由是什么？（　　）。

A．是，对于任意 a 和 b，输出的 x 和 y 是唯一的

B．否，对于给定的 a 和 b，可能存在多组 x 和 y 满足条件

C．是，但仅当 a 和 b 互质时

D．否，一旦确定 x 的值，y 的值可以任意调整

三、完善程序（单选题，每小题 3 分，共计 30 分）

（一）（数组的旋转检测）给定一个数组，该数组原本是一个升序排列的数组的旋转。所谓旋转，是指将数组的前若干个元素移到数组的末尾。例如，数组 [0,1,2,4,5,6,7] 在被旋转后可能变为 [4,5,6,7,0,1,2]。你的任务是判断给定的数组是否满足这样的旋转条件。

第一行输入一个整数 n 表示数组的大小满足 $1 \leqslant n \leqslant 10^4$，接下来输入 n 个整数，表示数组的元素。输出答案为“YES”或者“NO”表示是否是合法的旋转。

阅读以下程序，完成相关题目。

```
#include <iostream>
using namespace std;
// 如果是旋转则返回真
bool isRotatedSortedArray(int arr[], int n) {
    int count = 0;
    for (int i = 0; i < n; i++) {
        if (arr[i]__①__arr[(i + 1) % n]) {
            count++;
        }
    }
    if (count__②__) {
        return__③__;
    }
    return__④__;
}
int main() {
    int n;
    cin >> n;
    int arr[n];
    for (int i = 0; i < n; i++) {
        cin >> arr[i];
    }
    if (isRotatedSortedArray(arr, n)) {
        cout <<__⑤__;
    } else {
        cout <<__⑥__;
    }
```

```
    return 0;
}
```

34. ①处应填（　　）。

A. >　　B. <　　C. ==　　D. !=

35. ②处应填（　　）。

A. >1　　B. <=1　　C. ==n　　D. !=0

36. ③处应填（　　）。

A. true　　B. false　　C. "YES"　　D. "NO"

37. ④处应填（　　）。

A. true　　B. false　　C. "YES"　　D. "NO"

38. ⑤和⑥处应填（　　）。

A. "NO" 和 "YES"　　B. "YES" 和 "NO"

C. "YES" 和 "YES"　　D. "NO" 和 "NO"

（二）（斐波那契数列的快速计算）斐波那契数列是一个非常著名的数列，其定义为 $F(0)=0$，$F(1)=1$，$F(n)=F(n-1)+F(n-2)$，$\forall n>1$。斐波那契数列在数学、生物学等领域有相当重要的应用，传统递归方法虽然直观，但效率非常低下，特别对于大值 n，现在我们需要用矩阵快速幂的方法来快速计算大值 n 下的斐波那契数。

输入正整数 n（$1 \leqslant n \leqslant 10^9$），输出 $F(n) \bmod 10^9+7$。

提示：快速幂是一种通过对指数进行二进制分解加速次幂运算的方法，而斐波那契数列的转移方程可以写成矩阵形式：

$$[F(n+1),F(n)]=[F(n),F(n-1)]\begin{bmatrix}1 & 1\\ 1 & 0\end{bmatrix}$$

我们可以对右边的矩阵使用快速幂方法加速。

阅读以下程序，完成相关题目。

```
#include <iostream>
#define MOD 1000000007
using namespace std;
void multiply(long long A[2][2], long long B[2][2]) {
    long long result[2][2] = {
        {(____①____) % MOD, (A[0][0] * B[0][1] + A[0][1] * B[1][1]) % MOD},
        {(A[1][0] * B[0][0] + A[1][1] * B[1][0]) % MOD,
        (A[1][0] * B[0][1] + A[1][1] * B[1][1]) % MOD}
    };
    for (int i = 0; i < 2; i++) {
        for (int j = 0; j < 2; j++) {
            A[i][j] = ____②____;
        }
    }
}
void power(long long F[2][2], long long n) {
    if (____③____) return;
    long long M[2][2] = {{1, 1}, {1, 0}};
```

```
    ④    ;
        multiply(F, F);
        if (n % 2 != 0) {
            ⑤    ;
        }
}
long long fib(long long n) {
    long long F[2][2] = {{1, 1}, {1, 0}};
    if (n == 0) return 0;
    power(F, n - 1);
    return F[0][0];
}
int main() {
    long long n;
    cin >> n;
    cout << fib(n) << endl;
    return 0;
}
```

39. ①处应填（　　）。

A. A[0][0] * B[0][0] + A[0][1] * B[1][0]

B. A[0][1] * B[0][0] + A[0][0] * B[1][0]

C. A[0][0] * B[1][0] + A[0][1] * B[0][0]

D. A[0][1] * B[1][0] + A[0][0] * B[0][0]

40. ②处应填（　　）。

A. 0　　B. result[j][i]

C. result[i][j]　　D. 1

41. ③处应填（　　）。

A. n > 1　　B. n == 0

C. n == 2　　D. n == 1

42. ④处应填（　　）。

A. power(F, n / 2)

B. power(F, n - 1)

C. multiply(M, M);

D. multiply(F, M);

43. ⑤处应填（　　）。

A. Power(F, n - 1)

B. multiply(M, M)

C. multiply(F, M)

D. power(F, n / 2)

CSP-J 初赛模拟题（九）

入门级 C++ 语言试题

注意事项：

- 本试卷满分 100 分，时间 120 分钟。完成测试后，学生可在配套的“佐助题库”里提交自己的答案进行测评，查看分数和排名。
- 测评方式：登录“佐助题库”，点击“初赛测评”，输入 ID“1061”，密码为 123456。
- 没有“佐助题库”账号的读者，请根据本书“关于初赛检测系统”的介绍，免费注册账号。

一、选择题（共 15 题，每题 2 分，共计 30 分；每题有且仅有一个正确选项）

1. 计算机中的 RAM 指的是（　　）。

A．中央处理器

B．随机存取存储器

C．总线

D．硬盘

2. 二进制数 110011 和 101010 进行按位异或运算的结果是（　　）。

A．100010

B．111011

C．011001

D．100110

3. 一个双精度浮点变量占用（　　）字节。

A．32

B．128

C．4

D．8

4. 若有如下程序段，其中 x、y、i 均已定义为有符号整型变量，且已赋值，$0<y<30$。

```
1  x = 1; i = y;
2  while (i--) x *= 2;
```

执行完程序后下列数学公式一定成立的是（　　）。

A．$x=y$

B．$x=2^y$

C．$x=2y$

D. $x=\frac{y}{2}$

5. 设有一数组包含 100 个彼此不同的整数，这些数是从 int 范围内的正整数当中均匀随机选取的。我们下面讨论问题不用考虑溢出，那么以下事件概率最大的是（　　）。

A. 数组按升序或降序排列

B. 奇数下标的整数的总和大于偶数下标的整数的总和

C. 前 50 个数的乘积不小于后 50 个数的乘积

D. 奇数下标的奇数比偶数下标的偶数多

6. 在以下性质中，二叉树不一定满足（提示：只包含根节点的二叉树深度为 0）的是（　　）。

A. 叶子节点的数量大于非叶节点数量的两倍

B. 边的数量小于节点的数量

C. n 个节点的二叉树至少深度为 $[\log_2 n]$

D. 两个节点的距离（连接两个节点最短路径的边数）不大于深度的两倍

7. 把 13 个同样的球放在 5 个同样的袋子里，不允许有的袋子空着不放，共有（　　）种不同的分法？假设每个袋子的外观一模一样不可区分。

A. 22

B. 24

C. 18

D. 20

8. 在链表中只能顺序查找元素。对于 10 个节点双向链表，假设采取如下策略，平均需要访问（　　）个节点才能找到目标节点。访问到目标节点的那次也算一次访问。

策略：使用一个头指针、一个尾指针，首先查找第一个元素，然后查找最后一个元素，接下来查找第二个元素、倒数第二个元素……按照这样的逻辑从两端同时查找。

A. 2.5

B. 3

C. 4.5

D. 5.5

9. 一张 1080p（1920 像素 ×1080 像素）的 24 位图的文件大小最接近于（　　）。

A. 0.5MB

B. 5MB

C. 50MB

D. 500MB

10. 对于两个整数 a 和 b 运行辗转相除法，假设 $n<a<b<2n$，则时间复杂度是（　　）。

A. $O(n^2)$

B. $O(n)$

C. $O(\sqrt{n})$

D. $O(\log n)$

11. “筝形二十四面体”的每个面都是四边形，它的顶点数是（　　）。

A．22

B．24

C．26

D．28

12. 扔4个公平六面骰子，每个面是1 ~ 6的整数。小明查看结果后发现结果没有红色面（1和4是红色面）朝上，听小明这么说后，小红应该认为，朝上的面的点数和平均是（　　）。

A．16

B．14

C．12

D．10

13. 把1~10号同学分到A、B、C三个班，要求每个班里的同学中，不能存在两个同学的学号恰好是两倍关系，例如4号和8号不能在同一个班（可以有空班）。一共有（　　）种分班的方法。

A．4374

B．6561

C．7776

D．11664

14. 假设一棵二叉树的后序遍历序列为FBGACDE，中序遍历序列为FCBAGED，则其前序遍历序列为（　　）。

A．ECFBAGD

B．ECFABGD

C．FCABGED

D．FCBAGED

15. 世界上第一台通用计算机的名字是（　　）。

A．ENIAC

B．ABC

C．HARMONY

D．FRONTIER

二、阅读程序（程序输入不超过数组或字符串定义的范围；判断题正确填√，错误填×。除特殊说明外，判断题每题1.5分，选择题每题3分，共计40分）

（一）阅读以下程序，完成相关题目。

```
01  #include <bits/stdc++.h>
02  using namespace std;
03  int main(){
04    int N;
05    cin >> N;
06    string S;
07    cin >> S;
08    string T;
```

```
09    for (int i = 0; i < 26; i++){
10      T += (char) ('a' + i);
11    }
12    int Q;
13    cin >> Q;
14    for (int i = 0; i < Q; i++){
15      char c, d;
16      cin >> c >> d;
17      for (int j = 0; j < 26; j++){
18        if (T[j] == c){
19          T[j] = d;
20        }
21      }
22    }
23    for (int i = 0; i < N; i++){
24      cout << T[S[i] - 'a'];
25    }
26    cout << endl;
27  }
```

- **判断题**

16. 运行第 24 行时字符串 T 的长度与输入无关。（　　）

17. 若将第 17 ~ 21 行改为 T[(int)(c - 'a')] = d，不会改变运行的结果。（　　）

18. 输入的 c 和 d 如果是大写字母会产生运行时错误。（　　）

19. 若输入的字符串全部由大写字母组成，每次 c 和 d 都是小写字母，那么程序也能正常处理，结果是输出与输入能够精确匹配。（　　）

- **选择题**

20. 假设输入 S=ababcadaefffe，Q=2，输出最多包含（　　）个 x。

A. 8

B. 7

C. 6

D. 5

21. 本算法的时间复杂度为（　　）。

A. $O(N)$

B. $O(N+Q)$

C. $O(NQ)$

D. $O(NQ^2)$

（二）阅读以下程序，完成相关题目。

```
01  #include <bits/stdc++.h>
02  using namespace std;
03  typedef long long ll;
04
```

```
05  int main() {
06      cin.tie(nullptr);
07      ios::sync_with_stdio(false);
08
09      ll n;
10      cin >> n;
11
12      vector<ll> cnt(300000,0); // 建立一个 300000 个元素，全是 0 的数组 cnt
13      for(ll i = 0; i < n; i++){
14          ll a;
15          cin >> a;
16          if(a == 0){
17              cnt[a]++;
18              continue;
19          }
20          for(ll j = 2; j <= 500; j++){
21              while (a%(j*j) == 0){
22                  a /= (j*j);
23              }
24          }
25          cnt[a]++;
26      }
27
28      ll Ans = cnt[0] * (n-1) - cnt[0]*(cnt[0]-1)/2;
29      for(ll i = 1; i < 300000; i++){
30          Ans += cnt[i]*(cnt[i]-1)/2;
31      }
32
33      cout << Ans << endl;
34      return 0;
35  }
```

假设输入的 n（$2 \leqslant n \leqslant 2 \times 10^5$）和 a_i（$0 \leqslant a_i \leqslant 2 \times 10^5$）都是正整数，完成下面的判断题和选择题。

- **判断题**

22. 输出的值一定小于 n^2。（　　）

23. 输出的值一定大于 n。（　　）

24. cnt[1024] 的值一定为 0。（　　）

25. 第 20 行循环中的 j，其实不需要循环 2 ~ 500 所有的正整数，只循环这个范围内的素数，结果也是一样的。（　　）

- **选择题**

26. 在恰当的构造下，最终 cnt[x]>0 可以对至少（　　）个 x（$0<x<2 \times 10^5$）成立。请选择正确选项中最大的那一项。

A. 10^5

B．400

C．200

D．10

27. 若 n=50，$a_i \leqslant 1024$，且 n 个 a_i 两两不同，则输出的值最大为（　　）。

A．649

B．738

C．877

D．461

（三）假设输入不会出现越界的问题，即 $1 \leqslant N \leqslant 1000$，$1500 \leqslant |A_i| \leqslant 2500$。首先输入 N，然后读入的 $2N$ 个数记作 A_i。阅读以下程序，完成相关题目。

```
01  #include<bits/stdc++.h>
02  using namespace std;
03  long long n,tal,sal,tbl,sbl,ans;
04  int ta[100005],sa[100005],tb[100005],sb[100005],s;
05  int main()
06  {
07      cin>>n;
08      for(int i=1;i<=n;i++)
09      {
10          cin>>s;
11          if(s>0)ta[++tal]=s;
12          else sa[++sal]=abs(s);
13      }
14      for(int i=1;i<=n;i++)
15      {
16          cin>>s;
17          if(s>0)tb[++tbl]=s;
18          else sb[++sbl]=abs(s);
19      }
20      sort(ta+1,ta+1+tal);
21      sort(sa+1,sa+1+sal);
22      sort(tb+1,tb+1+tbl);
23      sort(sb+1,sb+1+sbl);
24      int p=1;
25      for(int i=1;i<=sal&&p<=tbl;i++)
26          if(sa[i]>tb[p])ans++,p++;
27      p=1;
28      for(int i=1;i<=sbl&&p<=tal;i++)
29          if(sb[i]>ta[p])ans++,p++;
30      cout<<ans;
31      return 0;
32  }
```

- **判断题**

28. 这段代码实现的思想是贪心算法。（　　）

29. 算法的复杂度是 $O(n^2)$。（　　）

- **选择题**

30. 当 n=100 时，如果输入的数都是正数，那么答案最大是（　　）。

A．0

B．50

C．100

D．200

31. 如果让第 24 ~ 26 行的 p 不是从小到大扫描，而是从 p=tb1 开始，按每次递减 1 的顺序进行扫描，算出的结果会（　　）。

A．偏大

B．偏小

C．不变

D．不确定

32. 对于下面的输入，输出是（　　）。

5

1000　1200　–1100　1300　–1232

1232　1100　–1200　–1300　1232

A．5

B．4

C．3

D．2

33. （4 分）如果每次不是像第 24 ~ 26 行这样计算，而是每一轮寻找 sa[i]>tp[j]，并且按 sa[i]-tp[j] 结果最小的（i，j）计算答案，然后删除这两个元素，再重复操作，这样得到的答案为 bns。bns 与原程序执行到第 27 行时的 ans 的关系是（　　）。

A．bns>ans

B．bns=ans

C．bns<ans

D．无法确定

三、完善程序（单选题，每小题 3 分，共计 30 分）

（一）给定 n、m、r、s 和一个 $n \times m$ 的整数矩阵 $\boldsymbol{A}$，求每个 $r \times s$ 的子矩阵的元素最大值。

【输入格式】

第一行两个整数 n、m 表示矩阵的高和宽。接下来 n 行每行 m 个整数元素，表示矩阵 $\boldsymbol{A}$。最后一行为两个和整数 r、s。

【输出格式】

$n-r+1$ 行，每行 $m-s+1$ 个元素，第 i 行 j 列的数表示以 (i,j) 为左上角的 $r \times s$ 的子矩阵元素的最大值。

【样例输入】

3 3

1 1 2

2 3 4

4 3 2

3 3

【样例输出】

4

【样例解释】

因为只有一个 3×3 的子矩阵，且恰好是整个矩阵，所以它的最大元素是 4。

【数据范围】

$1 \leqslant n, m \leqslant 4000$，$|A_{i,j}| \leqslant 10000$，$1 \leqslant r \leqslant n$，$1 \leqslant s \leqslant m$。

阅读以下程序，完成相关题目。

提示：通过单调队列解题。

```
01  #include<bits/stdc++.h>
02  using namespace std;
03  int n,m,a[4005][4005],ans[4005][4005],r,s,b[4005][4005];
04  int main(){
05    //输入
06    cin>>n>>m;
07    for(int i=1;i<=n;i++){
08        for(int j=1;j<=m;j++){
09            cin>>a[i][j];
10        }
11    }
12    cin>>r>>s;
13    for(int i=1;i<=n;i++){
14        deque<int>q;
15        for(int j=1;j<=m;j++){
16            while(!q.empty()&&a[i][____①____]<=a[i][j]){
17                q.pop_back();
18            }
19            q.push_back(j);
20            while(!q.empty()&&q.front()<=j-s){
21                q.pop_front();
22            }
23            if(j>=s) ____②____=a[i][q.front()];
24        }
25    }
26    for(int j=1;j<=____③____;j++){
27        deque<int>q;
28        for(int i=1;i<=n;i++){
```

```
29                while(!q.empty()&&b[q.back()][j]<=b[i][j]){
30                    q.pop_back();
31                }
32                q.push_back(i);
33                while(!q.empty()&&q.front()<=i-r){
34                    q.pop_front();
35                }
36                if(i>=r)___④___=___⑤___;
37            }
38    }
39    for(int i=1;i<=n-r+1;i++){
40            for(int j=1;j<=m-s+1;j++){
41                cout<<ans[i][j]<<' ';
42            }
43            cout<<endl;
44    }
45        return 0;
46    }
```

q.back()

34. ①处应填（　　）。

A. q.size()-1

B. 0

C. q.back()

D. q.front()

35. ②处应填（　　）。

A. b[i][j-s]

B. b[i][j-s+1]

C. ans[i][j-s]

D. ans[i][j-s+1]

36. ③处应填（　　）。

A. m

B. m-s+1

C. s

D. m-s

37. ④处应填（　　）。

A. b[i-r][j]

B. b[i-r+1][j]

C. ans[i-r][j]

D. ans[i-r+1][j]

38. ⑤处应填（　　）。

A. b[q.back()][j]

B. `b[q.front()][j]`

C. `a[q.back()][j]`

D. `a[q.front()][j]`

（二）有 N 个玻璃杯，从 1~N 编号，每个玻璃杯中都有一定的水。你需要通过倒水（将某个杯子中的水倒入另一个杯子），使这些杯子中只有 K 个有水。

已知将第 i 号玻璃杯中的水倒入第 j 号，需要消耗 $C_{i,j}$ 的代价。请你求出经过倒水后满足只有 K 个（或更少）玻璃杯中有水时，消耗的代价总和的最小值。

【输入格式】

第一行包含两个正整数——N 和 K。

接下来 N 行，每行包含 N 个非负整数 $C_{i,j}$。第 i 行 j 列的数表示从玻璃杯 i 倒水到玻璃杯 j 需要付出的代价。需保证 $C_{i,j}$ 一定是 0。

【输出格式】

输出达成目标需要付出的最小代价和。

【数据范围】

$1 \leqslant K \leqslant N \leqslant 20$，$C_{i,j} \leqslant 10^5$

阅读以下程序，完成相关题目。

```
01  #include<bits/stdc++.h>
02  using namespace std;
03  const int N=20,INF=0x3f3f3f3f;
04  int f[1<<N],c[N][N];
05  int n,k,ans=INF;
06  int main(){
07    cin>>n>>k;for(int i=0;i<n;++i)for(int j=0;j<n;++j)cin>>c[i][j];
08    memset(f,0x3f,sizeof(f));f[___①___]=0;
09    for(int i=(1<<n)-2;~i;--i)
10            for(int j=0;j<n;++j)if(___②___)
11                    for(int k=0;k<n;++k)if(___③___) // 请注意这里的 k 与全
        局的 k 不同，假设两者不会互相影响
12                            f[i]=min(f[i],___④___);
13    for(int i=0;i<1<<n;++i)
14            if(___⑤___)
15                    ans=min(ans,f[i]);
16    printf("%d\n",ans);
17    return 0;
18  }
```

39. ①处应填（　　）。

A. `0`

B. `(1<<n)-1`

C. `(1<<(n-k))-1`

D. `(1<<k)-1`

40. ②处应填（　　）。

A. i^j

B. i>=j

C. (i>>j)&1

D. !((i<<j)&1)

41. ③处应填（　　）。

A. j!=k

B. j+k<n

C. (i>>k)&1

D. (k<<i)&1

42. ④处应填（　　）。

A. f[i^(1<<j)]+c[j][k]

B. f[i^(1<<j)]+c[k][j]

C. f[i^(1<<k)]+c[j][k]

D. f[i^(1<<k)]+c[k][j]

43. ⑤处应填（　　）。

A. sizeof(i)<=k

B. __builtin_popcount(i)<=k

C. i>=k

D. i&(1<<k)

CSP-J 初赛模拟题（十）

入门级 C++ 语言试题

注意事项：

- 本试卷满分 100 分，时间 120 分钟。完成测试后，学生可在配套的“佐助题库”里提交自己的答案进行测评，查看分数和排名。
- 测评方式：登录“佐助题库”，点击“初赛测评”，输入 ID“1060”，密码为 123456。
- 没有“佐助题库”账号的读者，请根据本书“关于初赛检测系统”的介绍，免费注册账号。

一、选择题（共 15 题，每题 2 分，共计 30 分；每题有且仅有一个正确选项）

1. 下列各项中，发明最早的编程语言是（　　）。

A. C

B. C++

C. Python

D. Java

2. 对于 int 数据类型的数，（　　）与 x = –x 等价。

A. x = !x

B. x = !x + 1

C. x = ~x

D. x = ~x + 1

3. 定义 int x[12];，此时表达式 sizeof(x) 的值是（　　）。

A. 12

B. 24

C. 48

D. 96

4. 以下程序段和对应的调用示例，用于完成交换两个整数的功能。

```
01  void swap(int *x, int *y) {
02    int t = __①__x; __①__x = __①__y; __①__y = t;
03  }
04  int a = 1, b = 2;
05  swap(__②__a, __②__b);
06  // 现在 a = 2, b = 1
```

①②处应该填入（　　）。

A. *&

B. &*

C. **

D. &&

5. 通常的排序都是基于比较的。例如，为了给 3 个数字排序，必须将其两两比较，比较 3 次后才能完全排序。对于更多数字的排序，可能需要根据已有的比较结果决定后续执行的比较对象，达成最少的比较次数。最少比较次数的算法在最坏情况下给 4 个数排序需要（　　）次比较。

A. 3

B. 4

C. 5

D. 6

6. 哈夫曼编码中每次合并两个权重最小的树，假设一开始每个字符的权重无序排列，也不排序，重复找出权重最小的树的步骤可以用（　　）数据结构加速。

A. 类似 std::vector 的可变长数组

B. 类似 std::stack 的栈

C. 类似 std::list 的双向链表

D. 类似 std::priority_queue 的优先队列

7. 凸多边形的三角剖分步骤如下：每次找两个相邻的边，用这两条边组成一个三角形，然后把这个三角形割掉，让原来的 n 边形成为 n–1 边形；重复操作直到剩下三角形。

不同的三角剖分不考虑切掉的顺序，而只考虑切出了哪些三角形。例如，凸三边形、凸四边形、凸五边形分别有 1、2、5 种不同的三角剖分方法。

凸六边形的三角剖分方案数 为（　　）。

A. 10

B. 12

C. 14

D. 16

8. 定义只包含一个节点的二叉树深度为 0，那么深度为 5 的完全二叉树至少有（　　）个节点。

A. 31

B. 32

C. 63

D. 64

9. 正二十面体的每个面都是正三角形，它的顶点数是（　　）。

A. 8

B. 10

C. 12

D. 14

10. gcd(483,1265)=（　　）。

A．19

B．23

C．29

D．31

11. 请你把 *+b-cd!a 这个前缀表达式转换成中缀表达式，其中 5!=120，则（　　）。

A．((b-c)+d)*(a!)

B．((b-c)+d!)*a

C．(b+(c-d))*(a!)

D．(b+(c-d!))*a

12. $T(n)=4T(n/2)+\Theta(n^2)$,$T(1)=\Theta(1)$，解这个递推式得到（　　）。

A．$T(n)=\Theta(n^2)$

B．$T(n)=\Theta(n\log n)$

C．$T(n)=\Theta(n^3)$

D．$T(n)=\Theta(n^2\log n)$

13. 复数就是形如 $x=a\mathrm{i}+b$ 的数，其中 a 和 b 是实数，i 是假想的虚数单位，满足 $\mathrm{i}^2=-1$ 。两个实数唯一确定一个复数。复数乘法遵循常见规则，例如 $(a+b\mathrm{i})(c+d\mathrm{i})=ac+(bc+ad)\mathrm{i}+bd\mathrm{i}^2$。代入 $\mathrm{i}^2=-1$ 可以化简为 $(ac-bd)+(bc+ad)\mathrm{i}$ ，也符合前面说的复数的标准形式。方程 $x^2=\mathrm{i}$ 在 x 为复数的情况下有（　　）个解。

A．0

B．1

C．2

D．无穷多

14. 包含 3 个节点的无标号简单图有 4 个，包含 4 个节点的有（　　）个。

A．7

B．9

C．11

D．13

15. （　　）被公认为世界上第一位计算机程序员。

A．阿达·洛夫莱斯（Ada Lovelace）

B．比尔·盖茨（Bill Gates）

C．查尔斯·巴贝奇（Charles Babbage）

D．丹尼斯·里奇（Dennis Ritchie）

二、阅读程序（程序输入不超过数组或字符串定义的范围；判断题正确填√，错误填 ×。除特殊说明外，判断题每题 1.5 分，选择题每题 3 分，共计 40 分）

（一）阅读以下程序，完成相关题目。

```
01  #include <bits/stdc++.h>
02  using namespace std;
```

```
03  int p[100000];
04
05  int main() {
06      int n, ans = 0;
07      cin >> n;
08      memset(p, 0, sizeof(p));
09      for (int i = 2; i <= n; i++) {
10          if (p[i] == 0) {
11              ans ++;
12          }
13          for (int j = i*2; j <= n; j += i) {
14              p[j] = i;
15          }
16      }
17      cout << ans << endl;
18      return 0;
19  }
```

- **判断题**

16. 这题实现的算法属于筛法。（　　）

17. 运行到 17 行满足 $p[i] \leqslant \sqrt{i}$, i=1,2,3,⋯,n 。（　　）

18. 如果第 9 行的循环从 i=1 开始，运行结果不变。（　　）

19. 为了求出 p 数组，存在更快的算法。（　　）

- **选择题**

20. 输入 n=100，对于序列 $p_1,p_2,\cdots,p_{100}$, 输出是（　　）。

A．23

B．24

C．25

D．26

21. 本代码关于 n 的时间复杂度是（　　）。

A．$O(n)$

B．$O(n\log n)$

C．$O(n\sqrt{n})$

D．$O(n\log\log n)$

（二）以下程序实现了一种排序算法。阅读以下程序，完成相关题目。

```
01  void mysort(int a[], int L, int R){
02    if(L >= R) return;
03    int i = L, j = R, mid = a[(L+R) >> 1];
04    while(i <= j){
05          while(a[i] < mid) i++;
06          while(a[j] > mid) j--;
07          if(i <= j) swap(a[i], a[j]), i++, j--;
08    }
```

```
09    mysort(a, L, j);
10    mysort(a, i, R);
11  }
```

- **判断题**

22. 所实现的排序算法是稳定的。（　　）

23. 第 3 行 mid 的选择保证时间最坏复杂度为 $O(n\log n)$。（　　）

24. 对于数组 `int a[6] = {4, 1, 4, 1, 5, 0}`，调用这个排序算法的方法是 `mysort(a, 0, 6)`。（　　）

25. 对于任何输入，运行到第 9 行时 j<i 总是成立。（　　）

- **选择题**

26. 假设 R−L=n，那么第 7 行的 if 会判定成功并执行 `swap(a[i], a[j]), i++, j--` 的次数至多是（　　），不考虑递归后的执行次数。

A. $\lfloor n/2\rfloor+1$

B. $\lceil n/2\rceil+1$

C. $\lfloor n/2\rfloor$

D. $\lceil n/2\rceil$

27. （4 分）使用类似的思路可以设计一个求长度为 n 的数组中前 k 大的数的算法，这个算法最优的时间复杂度是（　　）。

A. $O(n)$

B. $O(n\log n)$

C. $O(\log n)$

D. $O(\sqrt{n})$

（三）对于以下程序，首先输入 n，然后输入 $4n$ 个整数。所有输入都是正整数，不大于 5000。并假设输入合理。阅读以下程序，完成相关题目。

```
01  #include <iostream>
02  #define swap(a,b) a^=b,b^=a,a^=b
03  using namespace std;
04  const int N = 5003, M = 12500000;
05  int n, head[N], nex[M], to[M], cnt;
06  bool in[N], vis[N];
07  int read(){
08    int x = 0;
09    char a = getchar();
10    while(a < '0' || '9' < a) a = getchar();
11    while('0' <= a && a <= '9') x = (x << 1) + (x << 3) + (a ^
      48), a = getchar();
12    return x;
13  }
14  void write(int x){
15    if(x > 9) write(x / 10);
16    putchar(x % 10 | 48);
```

```
17  }
18  struct nm{
19   int x, y, xx, yy;
20   double k, b;
21   void init(){
22         x = read(), y = read();
23         xx = read(), yy = read();
24         if(x > xx || x == xx && y > yy) swap(x, xx), swap(y,
           yy);
25         if(x != xx){
26               k = (double)(yy - y) / (xx - x);
27               b = (double)(xx * y - x * yy) / (xx - x);
28         }
29         else k = b = 0;
30   }
31  } x[N];
32  void add(int &a, int &b){
33   in[b] = 1;
34   to[++ cnt] = b;
35   nex[cnt] = head[a];
36   head[a] = cnt;
37  }
38  bool solve(nm &a, nm &b, int &i, int &j){
39   if(b. x != b. xx){
40         if(b. x <= a. x && a. x <= b. xx)
41               if(a. y < (double)b. k * a. x + b. b) return add(j,
                 i), 0;
42               else return add(i, j), 0;
43         if(b. x <= a. xx && a. xx <= b. xx)
44               if(a. yy < (double)b. k * a. xx + b. b) return
                 add(j, i), 0;
45               else return add(i, j), 0;
46   }
47   return 1;
48  }
49  void dfs(int x){
50   vis[x] = 1;
51   for(int i = head[x]; i; i = nex[i])
52         if(!vis[to[i]])
53               dfs(to[i]);
54   write(x), putchar(' ');
55  }
56  int main(){
57   n = read();
58   for(int i = 1; i <= n; ++ i) x[i].init();
```

```
59    for(int i = 1; i <= n; ++ i)
60            for(int j = i + 1; j <= n; ++ j)
61                    if(solve(x[i], x[j], i, j))
62                            solve(x[j], x[i], j, i);
63    for(int i = 1; i <= n; ++ i) if(!in[i]) dfs(i);
64    return 0;
65  }
```

- **判断题**

28. 除了 n，输入中每 4 个整数描述了一条二维平面上的线段，合理的输入中两条线段不会相交。（　　）

29. 第 38 行，定义函数时采用传引用 & 没有必要，直接传值效果一致。（　　）

- **选择题**

30. solve 函数执行 add(i, j) 的条件是（　　）。

A. 固定线段 i 将 j 平行于 x 轴向左移动，j 会碰到 i

B. 固定线段 i 将 j 平行于 x 轴向右移动，j 会碰到 i

C. 固定线段 i 将 j 平行于 y 轴向上移动，j 会碰到 i

D. 固定线段 i 将 j 平行于 y 轴向下移动，j 会碰到 i

31. 当 n=100 时，第 50 行的执行次数为（　　）。

A. 无法确定

B. 与调用 add() 的次数一致

C. 50

D. 100

32. 当 n=100 时，add() 的调用次数最多是（　　）。

A. 5000

B. 10000

C. 4950

D. 9900

33. 如果输入包含两条线段相交的情况，结果是（　　）。

A. 输出的数字可能少于 n 个

B. 能够报错

C. 死循环

D. 无法确定

三、完善程序（单选题，每小题 3 分，共计 30 分）

（一）对一个字符串 S，进行如下操作。

1. 将 S 复制为两份，存在字符串 T 中。

2. 在 T 的某一位置上插入一个字符，得到字符串 U。

现在给定字符串 U，求字符串 S。

【输入格式】

第一行一个整数 N 代表字符串 U 的长度。

第二行 N 个字符代表字符串 U。

【输出格式】

如果不能通过上述的步骤从 S 推导出 U，输出 NOT POSSIBLE。

如果从 U 得到的 S 不是唯一的，输出 NOT UNIQUE。

否则，输出一个字符串 S。

【样例输入 #1】

7

ABXCABC

【样例输出 #1】

ABC

【样例输入 #2】

6

ABCDEF

【样例输出 #2】

NOT POSSIBLE

【样例输入 #3】

9

ABABABABA

【样例输出 #3】

NOT UNIQUE

【数据范围】

$2 \leqslant N \leqslant 2 \times 10^6+1$，保证 U 中只包含大写字母。

阅读以下程序，完成相关题目。

```
01  #include <bits/stdc++.h>
02  using namespace std;
03  int n, m, a1, a2;
04  string u, s1, s2;
05
06  int main()
07  {
08   scanf("%d", &n);
09   cin >> u;
10   if (___①___)
11   {
12        printf("NOT POSSIBLE\n");
13        return 0;
14   }
15   m = n / 2;
16
17   s1 = u.substr(0, m);
18   int j = 0;
```

```
19    for (int i = m; i < n && j < m; i++)
20        if (___②___) j++;
21    if (___③___) a1 = 1;
22
23    s2 = u.substr(___④___);
24    j = 0;
25    for (int i = 0; i < n - m && j < m; i++)
26        if (___⑤___) j++;
27    if (j == m) a2 = 1;
28
29    if (!a1 && !a2) printf("NOT POSSIBLE\n");
30    else if (a1 && a2 && s1 != s2) printf("NOT UNIQUE\n");
31    else if (a1) cout << s1 << endl;
32        else cout << s2 << endl;
33    return 0;
34 }
```

34. ①处应填（　　）。

A. `n % 2 == 0`

B. `n % 2 != 0`

C. `n != (int) u.size()`

D. `n % 2 != 0`

35. ②处应填（　　）。

A. `u[j] == s1[j]`

A. `u[i] == s1[i]`

A. `u[j] == s1[i]`

A. `u[i] == s1[j]`

36. ③处应填（　　）。

A. `j >= m`

B. `j == m`

C. `j > 0`

D. `j == n`

37. ④处应填（　　）。

A. `n,m`

B. `n-m,m`

C. `m,n`

D. `0,m`

38. ⑤处应填（　　）。

A. `u[j] == s2[j]`

B. `u[i] == s2[i]`

C. `u[j] == s2[i]`

D. `u[i] == s2[j]`

（二）一些鸭子位于一个洋流的地图中，它们一同出行，起始岛屿用 o 表示。这些鸭子可以向四个方向旅行，分别是：西 → 东（>），东 → 西（<），北 → 南（v） 和南 → 北（^）。当鸭子位于洋流的点上时，它们将会向洋流的方向移动一个单位。

平静的海面用 . 表示。如果洋流把鸭子带到平静的海面、地图之外或者是起始小岛处，它们就会停止旅行。鸭子想要前往的目的地岛屿用 x 表示。海面上可能会出现旋涡（鸭子们可能会困在其中）和可把鸭子带到地图之外的洋流。

你的任务是替换地图中的几个字符，使鸭子能够从起始岛屿到达目的地岛屿。

字符 o 和 x 不能被修改。其他字符（< > v ^ .）分别表示洋流和平静的海面，你可以用其中的任意字符来替换原先地图中的字符。

【输入格式】

第一行输入两个整数 r 和 s，分别表示地图的行数和列数。

接下来的 r 行，每行包含 s 个字符，字符必须是 o<>v^.x 中的。保证地图上分别只有一个 o 和 x，并且它们不相邻。

【输出格式】

第一行输出 k，表示需要进行改变的字符的最少数量。

接下来的 r 行，每行输出 s 个字符，表示改变后的地图。

如果有多种符合题意的地图，请输出任意一种。

【样例输入】

```
3 3
>vo
vv>
x>>
```

【样例输出】

```
1
>vo
vv>
x<>
```

【数据范围】

$3 \leqslant r,s \leqslant 2000$。

阅读以下程序，完成相关题目。

```
01  #include<bits/stdc++.h>
02  using namespace std;
03  typedef pair<int,int> pr;
04  #define mp make_pair
05  int n,m;
06  deque <pr> dq;
07  char sea[2005][2005];
08  int sx,sy,ex,ey,dis[2005][2005];
09  pr pre[2005][2005];
10  int dx[4]={1,-1,0,0},dy[4]={0,0,1,-1};
11  char dir[4]={'v','^','>','<'};
```

```
12  int main(){
13   cin>>n>>m;
14   for(int i=1;i<=n;i++)
15          for(int j=1;j<=m;j++){
16                 cin>>sea[i][j];
17                 if(sea[i][j]=='x')
18                        ex=i,ey=j;
19                 else if(sea[i][j]=='o')
20                        sx=i,sy=j;
21          }
22   memset(dis,___①___,sizeof(dis));
23   dq.push_back(mp(sx,sy));
24   dis[sx][sy]=0;
25   while(!dq.empty()){
26          pr temp=dq.front();
27          dq.pop_front();
28          if(temp==mp(ex,ey)||dis[temp.first][temp.second]>=dis[ex]
            [ey])
29                 continue;
30          //cout<<temp.first<<" "<<temp.second<<endl;
31          for(int i=0;i<4;i++){
32                 int tx=temp.first+dx[i],ty=temp.second+dy[i];
33                 if(tx<1||tx>n||ty<1||ty>m)
34                        continue;
35                 int w=___②___?0:1;
36                 if(dis[tx][ty]>dis[temp.first][temp.second]+w){
37                        dis[tx][ty]=dis[temp.first][temp.second]+w;
38                        pre[tx][ty]=temp;
39                        if(w==0)
40                               ___③___;
41                        else
42                               dq.push_back(mp(tx,ty));
43                 }
44          }
45   }
46   pr before=pre[ex][ey],now=mp(ex,ey);
47   while(___④___){
48          if(before.first==now.first+1)
49                 sea[before.first][before.second]='^';
50          if(before.first==now.first-1)
51                 sea[before.first][before.second]='v';
52          if(before.second==now.second+1)
53                 sea[before.first][before.second]='<';
54          if(before.second==now.second-1)
55                 sea[before.first][before.second]='>';
```

```
56            now=before;
57            before=___⑤___;
58        }
59        cout<<dis[ex][ey]<<endl;
60        for(int i=1;i<=n;i++){
61            for(int j=1;j<=m;j++)
62                cout<<sea[i][j];
63            cout<<endl;
64        }
65        return 0;
66    }
```

39. ①处应填（　　）。

A. 0

B. 0x3f

C. -1

D. -2

40. ②处应填（　　）。

A. sea[temp.first][temp.second]=='.'

B. sea[temp.first][temp.second]=='o'

C. sea[temp.first][temp.second]==dir[i]

D. (sea[temp.first][temp.second]==dir[i]||sea[temp.first][temp.second]=='o')

41. ③处应填（　　）。

A. dq.pop_front()

B. dq.pop_back()

C. dq.push_front(mp(tx,ty))

D. dq.push_back(mp(tx,ty))

42. ④处应填（　　）。

A. before!=mp(sx,sy)

B. before!=mp(tx,ty)

C. dis[tx][ty]

D. dis[ex][ey]

43. ⑤处应填（　　）。

A. mp(pre[now.first][now.second].first,pre[now.first][now.second].second)

B. mp(pre[before.first][before.second].first,pre[before.first][before.second].second)

C. dq.front()

D. dq.back()

十年精编 CSP-J 初赛真题的参考答案

提示：读者可参照以下参考答案检验相关题目，具体的解析可参见本书配套的参考答案与解析（电子版）。读者可通过异步社区免费下载。

2014 全国青少年信息学奥林匹克联赛初赛（普及组）（已根据新题型改编）

普及组 C++ 语言试题参考答案

一、选择题

1	2	3	4	5	6	7	8	9	10
B	D	D	D	C	B	A	A	B	B

11	12	13	14	15	16	17	18	19	20
D	C	C	C	B	A	C	B	B	C

21	22								
B	B								

二、阅读程序

23	24	25	26
C	B	A	C

三、完善程序

27	28	29	30	31	32	33	34	35
B	A	D	A	B	A	C	A	D

2015 全国青少年信息学奥林匹克联赛初赛（普及组）（已根据新题型改编）

普及组 C++ 语言试题参考答案

一、选择题

1	2	3	4	5	6	7	8	9	10
D	C	C	A	A	D	A	B	B	A

11	12	13	14	15	16	17	18	19	20
D	B	A	D	B	D	B	A	D	A

21	22								
D	C								

二、阅读程序

23	24	25	26
A	B	C	D

三、完善程序

27	28	29	30	31	32	33	34	35	36
D	C	D	B	C	B	A	D	C	A

2016 全国青少年信息学奥林匹克联赛初赛（普及组）（已根据新题型改编）

普及组 C++ 语言试题参考答案

一、选择题

1	2	3	4	5	6	7	8	9	10
D	C	D	C	D	C	B	B	C	A
11	12	13	14	15	16	17	18	19	20
D	B	D	A	D	B	A	A	C	C
21	22								
D	B								

二、阅读程序

23	24	25	26
A	C	B	C

三、完善程序

27	28	29	30	31	32	33	34	35	36
D	D	C	D	A	C	A	C	A	B

2017 全国青少年信息学奥林匹克联赛初赛（普及组）（已根据新题型改编）

普及组 C++ 语言试题参考答案

一、选择题

1	2	3	4	5	6	7	8	9	10
B	B	C	A	A	A	B	C	C	A

11	12	13	14	15	16	17	18	19	20
B	B	B	C	A	C	D	C	C	B

21	22								
D	B								

二、阅读程序

23	24	25	26	27
C	C	B	C	B

三、完善程序

28	29	30	31	32	33	34	35	36	37
C	B	A	C	D	C	C	B	A	C

2018 全国青少年信息学奥林匹克联赛初赛（普及组）（已根据新题型改编）

普及组 C++ 语言试题参考答案

一、选择题

1	2	3	4	5	6	7	8	9	10
D	D	D	B	B	A	A	A	A	B

11	12	13	14	15	16	17			
A	B	B	B	B	D	D			

二、阅读程序

18	19	20	21
C	A	B	D

三、完善程序

22	23	24	25	26	27	28	29	30	31
B	D	D	A	C	A	C	D	B	A

2019 CCF 非专业级别软件能力认证第一轮（CSP-J1）

入门级 C++ 语言试题参考答案

一、选择题

1	2	3	4	5	6	7	8	9	10
A	D	C	A	A	D	C	C	B	C
11	12	13	14	15					
C	A	C	B	A					

二、阅读程序

16	17	18	19	20	21	22	23	24	25	26	27
×	√	×	√	B	B	√	×	×	×	A	A
28	29	30	31	32	33						
×	√	A	D	D	B						

三、完善程序

34	35	36	37	38	39	40	41	42	43
C	D	B	B	B	B	D	C	A	B

2020 CCF 非专业级别软件能力认证第一轮（CSP-J1）

入门级 C++ 语言试题参考答案

一、选择题

1	2	3	4	5	6	7	8	9	10
A	A	D	C	C	B	A	A	A	A
11	12	13	14	15					
A	D	C	A	A					

二、阅读程序

16	17	18	19	20	21	22	23	24	25	26	27
√	×	√	×	A	D	×	×	√	D	B	D
28	29	30	31	32	33						
×	√	×	B	C	C						

三、完善程序

34	35	36	37	38	39	40	41	42	43
C	C	C	A	C	B	D	A	A	B

2021 CCF 非专业级别软件能力认证第一轮（CSP-J1）

入门级 C++ 语言试题参考答案

一、选择题

1	2	3	4	5	6	7	8	9	10
D	B	A	C	D	D	C	A	B	B
11	12	13	14	15					
B	A	C	B	B					

二、阅读程序

16	17	18	19	20	21	22	23	24	25	26	27
×	×	×	√	×	B	×	√	√	B	B	C
28	29	30	31	32	33						
√	×	×	A	C	C						

三、完善程序

34	35	36	37	38	39	40	41	42	43
D	C	C	D	B	B	D	C	B	D

2022 CCF 非专业级别软件能力认证第一轮（CSP-J1）

入门级 C++ 语言试题参考答案

一、选择题

1	2	3	4	5	6	7	8	9	10
A	C	D	C	B	B	B	C	B	D
11	12	13	14	15					
D	B	C	B	B					

二、阅读程序

16	17	18	19	20	21	22	23	24	25	26	27
√	×	×	×	×	B	×	√	√	C	C	B
28	29	30	31	32	33	34					
√	√	×	×	C	B	A					

三、完善程序

35	36	37	38	39	40	41	42	43	44
A	B	C	D	A	A	B	C	D	A

2023 CCF 非专业级别软件能力认证第一轮（CSP-J1）

入门级 C++ 语言试题参考答案

一、选择题

1	2	3	4	5	6	7	8	9	10
B	D	A	A	C	B	C	A	D	A
11	12	13	14	15					
A	B	B	A	D					

二、阅读程序

16	17	18	19	20	21	22	23	24	25	26	27
√	√	√	A	B	√	×	√	D	B	D	√
28	29	30	31	32							
√	√	B	D	C							

三、完善程序

33	34	35	36	37	38	39	40	41	42
B	A	C	A	D	A	B	A	B	C

十套 CSP-J 初赛模拟题的参考答案

提示：读者可参照以下参考答案检验相关题目，具体的解析可参见本书配套的参考答案与解析（电子版）。读者可通过异步社区免费下载。

CSP-J 初赛模拟题（一）

入门级 C++ 语言试题参考答案

一、选择题

1	2	3	4	5	6	7	8	9	10
A	C	B	B	D	A	A	D	B	C
11	12	13	14	15					
B	C	B	C	A					

二、阅读程序

16	17	18	19	20	21	22	23	24	25	26	27
√	×	√	√	A	×	×	√	B	C	D	√
28	29	30	31	32	33						
√	×	×	B	A	B						

三、完善程序

34	35	36	37	38	39	40	41	42	43
C	C	C	C	C	A	D	A	C	C

CSP-J 初赛模拟题（二）

入门级 C++ 语言试题参考答案

一、选择题

1	2	3	4	5	6	7	8	9	10
B	D	A	D	A	B	B	A	C	D

11	12	13	14	15					
C	D	C	C	A					

二、阅读程序

16	17	18	19	20	21	22	23	24	25	26	27
×	×	√	B	B	A	×	√	√	B	C	A

28	29	30	31	32	33						
√	×	√	A	D	B						

三、完善程序

34	35	36	37	38	39	40	41	42	43
B	B	C	A	A	D	C	C	C	A

CSP-J 初赛模拟题（三）

入门级 C++ 语言试题参考答案

一、选择题

1	2	3	4	5	6	7	8	9	10
C	B	A	B	D	D	A	B	A	C
11	12	13	14	15					
A	A	C	C	A					

二、阅读程序

16	17	18	19	20	21	22	23	24	25	26	27
×	×	√	D	A	√	×	√	B	D	√	√
28	29	30									
×	D	C									

三、完善程序

31	32	33	34	35	36	37	38	39	40
C	D	C	D	A	B	B	C	C	C

CSP-J 初赛模拟题（四）

入门级 C++ 语言试题参考答案

一、选择题

1	2	3	4	5	6	7	8	9	10
B	C	A	D	B	B	D	A	D	C
11	12	13	14	15					
C	B	A	B	D					

二、阅读程序

16	17	18	19	20	21	22	23	24	25	26	27
×	√	×	D	A	√	×	√	C	C	A	×
28	29	30	31	32							
×	×	×	C	A							

三、完善程序

33	34	35	36	37	38	39	40	41	42
A	A	C	C	A	B	A	A	B	D

CSP-J 初赛模拟题（五）

入门级 C++ 语言试题参考答案

一、选择题

1	2	3	4	5	6	7	8	9	10
D	A	C	D	B	C	B	D	D	A

11	12	13	14	15					
C	C	A	D	B					

二、阅读程序

16	17	18	19	20	21	22	23	24	25	26	27
√	×	√	×	√	A	×	√	×	C	D	A

28	29	30	31	32	33						
√	√	A	B	C	A						

三、完善程序

34	35	36	37	38	39	40	41	42	43
D	A	A	B	C	C	A	B	B	D

CSP-J 初赛模拟题（六）

入门级 C++ 语言试题参考答案

一、选择题

1	2	3	4	5	6	7	8	9	10
B	C	C	A	D	B	A	D	A	A

11	12	13	14	15					
D	C	A	D	A					

二、阅读程序

16	17	18	19	20	21	22	23	24	25	26	27
×	√	√	×	×	B	√	√	×	D	D	C

28	29	30	31	32	33						
×	√	√	B	C	D						

三、完善程序

34	35	36	37	38	39	40	41	42	43
A	C	A	B	D	B	D	B	C	A

CSP-J 初赛模拟题（七）

入门级 C++ 语言试题参考答案

一、选择题

1	2	3	4	5	6	7	8	9	10
C	B	D	B	A	D	C	A	B	D
11	12	13	14	15					
A	B	D	D	B					

二、阅读程序

16	17	18	19	20	21	22	23	24	25	26	27
√	×	√	B	A	B	×	×	√	C	A	B
28	29	30	31	32	33						
×	√	√	B	D	B						

三、完善程序

34	35	36	37	38	39	40	41	42	43
A	A	A	A	B	D	D	A	A	B

CSP-J 初赛模拟题（八）

入门级 C++ 语言试题参考答案

一、选择题

1	2	3	4	5	6	7	8	9	10
B	C	B	A	C	C	D	B	D	A
11	12	13	14	15					
B	A	A	D	A					

二、阅读程序

16	17	18	19	20	21	22	23	24	25	26	27
×	×	×	A	D	B	√	√	√	C	C	B
28	29	30	31	32	33						
√	√	√	C	B	B						

三、完善程序

34	35	36	37	38	39	40	41	42	43
A	B	A	B	B	A	C	B	A	C

CSP-J 初赛模拟题（九）

入门级 C++ 语言试题参考答案

一、选择题

1	2	3	4	5	6	7	8	9	10
B	C	D	B	C	A	C	D	B	D

11	12	13	14	15					
C	A	C	B	A					

二、阅读程序

16	17	18	19	20	21	22	23	24	25	26	27
√	×	×	×	B	B	√	×	√	×	A	A

28	29	30	31	32	33						
√	×	A	B	C	B						

三、完善程序

34	35	36	37	38	39	40	41	42	43
C	B	B	D	B	B	D	C	A	B

CSP-J 初赛模拟题（十）

入门级 C++ 语言试题参考答案

一、选择题

1	2	3	4	5	6	7	8	9	10
A	D	C	A	C	D	C	B	C	B

11	12	13	14	15					
C	D	C	C	A					

二、阅读程序

16	17	18	19	20	21	22	23	24	25	26	27
√	×	×	√	C	B	×	×	×	√	A	A

28	29	30	31	32	33						
√	√	C	D	C	A						

三、完善程序

34	35	36	37	38	39	40	41	42	43
A	D	B	B	D	B	D	C	A	B